Cadernos de Lógica e Computação

Volume 4

Incompletude na Terra dos Conjuntos

Coordenadores da Série Cadernos de Lógica e Computação
Amílcar Sernadas e Cristina Sernadas   {acs,css}@math.ist.utl.p▮

Incompletude na Terra dos Conjuntos

Melvin Fitting

Traduzido por

Jaime Ramos

do original
Incompleteness in the Land of Sets. College Publications, 2007

ISBN 978-1-84890-109-4

College Publications
Scientific Director: Dov Gabbay
Managing Director: Jane Spurr

http://www.collegepublications.co.uk

Cover designed by Laraine Welch
Printed by Lightning Source, Milton Keynes, UK

Nota do tradutor

As decisões que tomei na tradução deste livro destinaram-se a facilitar a sua leitura. Os nomes das fórmulas representantes foram traduzidos porque, se por um lado o nome de uma fórmula ajuda na compreensão da mesma, por outro lado também facilita a compreensão de outras fórmulas onde esta possa ser usada. No entanto, optei por manter o nome original de algumas operações aritméticas e operações lógicas, como por exemplo as operações DIV, MOD e BITAND, entre outras, porque estas operações fazem parte do léxico da área. Finalmente, no caso de alguns conceitos menos comuns, a sua tradução encontra-se assinalada no texto com indicação do nome em inglês.

Gostaria de agradecer aos meus colegas Amílcar Sernadas e Fernando Ferreira as muitas sugestões e ajuda na tradução de alguns conceitos. Por fim, gostaria de agradecer à minha colega Paula Gouveia a ajuda na depuração de versões anteriores deste texto.

Lisboa, 2 de Maio de 2013

Jaime Ramos

Departamento de Matemática
Instituto Superior Técnico, Universidade Técnica de Lisboa

Security and Quantum Information Group
Instituto de Telecomunicações, Lisboa

Prefácio

Os números de contagem encontram-se entre os objetos matemáticos mais concretos. Todos temos intuições acerca deles — por exemplo, temos a certeza de que não existe um maior número de contagem. Mas as intuições apenas nos podem levar até um certo ponto e por isso, ao longo dos anos, têm sido desenvolvidos métodos rigorosos para estudar os números de contagem (e outros sistemas matemáticos). Existem *regras para efetuar cálculos* com números de contagem e existem *técnicas de derivação* para raciocinar sobre eles. Nos anos 30, Gödel, Turing, Post, Church, Tarski, Rosser, entre outros, mostraram que estas técnicas têm limitações de fundo. Este livro tem como objetivo apresentar os seus resultados. A combinação de todos estes resultados permite afirmar que existem restrições de fundo sobre o que se consegue saber acerca dos nossos métodos mais fiáveis, quando aplicados aos objetos matemáticos mais simples.

Cada um dos autores mencionados acima desenvolveu demonstrações dos seus teoremas que estão muitos próximas de vários paradoxos bem conhecidos. A prova de Tarski está intimamente relacionada com o paradoxo do mentiroso. Considere-se a frase S: "A frase S é falsa." Se S for verdadeira então o que nela se afirma está correto e, portanto, S é falsa. De modo semelhante, se S for falsa então o que nela se afirma não está correto e, portanto, S é verdadeira. Isto é claramente impossível. O que Tarski fez foi utilizar certas ideias subjacentes a este paradoxo para estabelecer limitações sobre o que se pode afirmar acerca da verdade aritmética numa linguagem aritmética. (O enunciado exato do seu resultado vai ter que aguardar até que tenham sido estabelecidas as fundações necessárias.) Gödel observou que a sua demonstração do que veio a chamar-se primeiro teorema da incompletude era semelhante à antinomia de Richard, a qual é um pouco mais complicada. Seja E a coleção de todos os números decimais que podem ser definidos usando um número finito de palavras. E é contável e, portanto, os seus elementos podem ser listados numa sequência, por exemplo, $e_1, e_2, e_3, \ldots$. Considere-se agora o número N cuja expansão decimal se especifica da seguinte forma: se a n-ésima posição na expansão decimal de e_n for p então a n-ésima posição na expansão decimal de N é $p+1$ se $p \neq 9$, e é 0 se $p = 9$. Claramente, N não pode estar em E dado que N e e_n diferem na posição

n, para cada n. Em todo o caso, N foi definido usando um número finito de palavras o que significa que N tem que estar em E. Gödel salientou ainda a existência de uma relação entre o seu argumento e o paradoxo do mentiroso ao observar que "Toda a antinomia epistemológica pode ser utilizada para realizar uma prova semelhante ...".

Um dos paradoxos mais conhecidos inventado no século XX deve-se a Bertrand Russell. Um conjunto x diz-se *usual* se x não pertencer a si próprio, isto é, se $x \notin x$. Seja agora S a coleção de todos os conjuntos usuais. Será que S é usual, ou não? Se S for usual então é porque pertence à coleção dos conjuntos usuais e, portanto, $S \in S$, o que significa que S não é usual. De igual modo, se S não for usual então é porque não pertence à coleção dos conjuntos usuais e, portanto, $S \notin S$, o que significa que S é usual. A descoberta deste paradoxo conduziu, posteriormente, a uma formulação precisa da teoria de conjuntos e aos sistemas axiomáticos que hoje em dia são utilizados. Mas essa é uma outra história. Neste livro, optámos por utilizar o paradoxo de Russel para motivar, de uma maneira uniforme, todos os resultados de incompletude e de indecidibilidade que vão ser demonstrados. Começamos por dar algumas pistas de como é que lá podemos chegar.

O paradoxo de Russel é acerca de conjuntos. O interesse de Gödel e dos outros autores mencionados anteriormente era acerca de números de contagem. Há um fragmento da teoria de conjuntos que é tão concreto como a aritmética: os conjuntos *hereditariamente finitos*. Estes são conjuntos finitos, de conjuntos finitos, de ..., de conjuntos finitos. São estes os conjuntos que podem ser designados usando a notação das 'chavetas'. Vamos ver que existe uma correspondência exata entre números de contagem e conjuntos hereditariamente finitos e, portanto, não é relevante qual escolhemos para trabalhar. Dado que a utilização de conjuntos dá uma aparência de maior flexibilidade, vamos optar por desenvolver a maior parte do nosso trabalho neste contexto, muito embora cada resultado obtido acerca de conjuntos hereditariamente finitos induza imediatamente um resultado análogo acerca de números de contagem. Caso o leitor esteja familiarizado com a terminologia, a utilização que vamos fazer dos conjuntos hereditariamente finitos equivale a uma forma de numeração de Gödel, que vai ser definida da forma mais geral possível.

Quando todos os conceitos e resultados acerca dos conjuntos hereditariamente finitos, dos números de contagem e da relação entre eles tiverem sido estabelecidos, vamo-nos concentrar na lógica formal e vamos definir uma linguagem L para falar acerca de conjuntos hereditariamente finitos. Uma fórmula $\varphi(x)$ na linguagem L pode ser vista, sem entrar em muitos detalhes, como especificando uma certa coleção de conjuntos hereditariamente finitos: a coleção dos conjuntos s para os quais $\varphi(s)$ é verdadeira. Desta forma, podemos falar acerca de conjuntos e das suas definições em L (resquícios da antinomia de Richard).

É bem conhecido que toda a matemática pode ser desenvolvida no contexto da teoria de conjuntos. Em particular, os objetos matemáticos finitos encaixam dentro do fragmento hereditariamente finito da teoria de conjuntos. Por exemplo, podemos pensar nos números de contagem como certos conjuntos hereditariamente finitos. Com efeito, até os elementos da linguagem L podem ser vistos como conjuntos hereditariamente finitos e as próprias fórmulas de L podem ser certos conjuntos hereditariamente finitos especiais. Então, as fórmulas de L são acerca de *conjuntos* mas também *são* conjuntos.

Podemos assim perguntar: será que a coleção das fórmulas de L pode ser definida por uma fórmula de L? (vamos ver que sim.) E podemos reformular o paradoxo de Russel da seguinte forma. Dizemos que uma fórmula $\varphi(x)$ é usual se não pertencer à coleção por si definida. Seja S a coleção de fórmulas usuais. Se S for definível então a fórmula que define S é usual ou não? Um raciocínio semelhante ao do paradoxo de Russel, acima, permite concluir que uma tal fórmula será usual se e só se não for usual. Como consequência, embora a coleção S possa ser definida de um modo informal em português, não pode ser definida por uma fórmula em L. Este é o nosso primeiro resultado restritivo. Daqui até ao teorema de Tarski é um pequeno passo, a partir do qual seguimos para uma versão do teorema de Gödel.

Na discussão do teorema de Tarski recorremos à noção de verdade: $\varphi(x)$ define a coleção dos conjuntos s para os quais $\varphi(s)$ é *verdadeira*. Suponha-se que substituímos a noção de verdade pela noção de *derivabilidade* num sistema formal. Vamos ver que o argumento baseado no paradoxo de Russel se vai dividir em dois. Uma das versões vai conduzir ao teorema de Church enquanto a outra versão vai conduzir ao primeiro teorema da incompletude de Gödel mais ou menos como ele o demonstrou. Modificações posteriores do mesmo argumento conduzirão ao teorema de Post e ao teorema de Rosser. Ao internalizar o argumento de Gödel, chegamos ao segundo teorema da incompletude de Gödel e, posteriormente, ao teorema de Löb — a nossa abordagem é feita através de lógica modal e dos seus resultados, que foi trazida pela primeira vez para esta área pelo próprio Gödel. É com este resultado que o livro termina.

Muito embora os conjuntos sejam fundamentais, a aritmética não ficou esquecida. Os conjuntos vão ser numerados por uma enumeração de Gödel, o que vai facilitar a transferência de resultados entre a aritmética e a teoria de conjuntos. Este não é um livro acerca de teoria da recursão mas, contudo, tenta-se estabelecer os resultados fundamentais tratados pela teoria da recursão. Neste contexto, considera-se a noção de ser Σ como sendo primitiva — a noção de recursivamente enumerável é definida a partir da noção de ser Σ num modelo da aritmética. A importância de ser Σ é, em parte, demonstrada e, em parte, discutida. Vamos demonstrar que o facto de uma relação ser Σ não depende de estarmos a trabalhar com números ou com conjuntos e, no caso dos conjuntos, não depende de se trabalhamos diretamente com eles ou através dos seus números de Gödel. Discutimos também, de um modo informal, as ligações destas noções a programas de computador e à noção intuitiva de efetividade.

Importa salientar que a abordagem aqui seguida é inerentemente matemática. Para uma abordagem mais virada para a ciência da computação talvez seja melhor considerar como objetos de trabalho as palavras sobre um alfabeto finito. Como é evidente, embora o foco seja diferente, todas estas abordagens são equivalentes. É necessário fazer escolhas e, no caso deste livro, a matemática ganhou.

O trabalho aqui apresentado pressupõe conhecimentos elementares de lógica primeira ordem, incluindo a noção de modelo, de derivação, e do teorema da completude de Gödel. A partir daí, apenas é necessária alguma sofisticação matemática.

Conteúdo

Capítulo 1

Acerca de números e de conjuntos

1.1 Introdução

Este capítulo é um resumo breve e informal das propriedades dos números de contagem e dos conjuntos hereditariamente finitos. Começamos pelos números, uma parte que será curta uma vez que todos acreditamos que já os conhecemos. Em seguida, discutimos noções gerais de teoria de conjuntos e, em particular, os conjuntos hereditariamente finitos. Por fim, discutimos algumas relações entre conjuntos e números. No próximo capítulo iniciaremos o tratamento formal destes conceitos.

1.2 Números

Como vamos usar apenas os números inteiros não negativos, vamos chamar-lhes números, para manter uma terminologia mais simples.

Definição 1.2.1 Por *números* entendem-se os elementos de $\{0, 1, 2, \ldots\}$.

Vamos considerar as seguintes operações básicas sobre números: contagem (ou sucessor), adição, multiplicação e, por vezes, exponenciação. As relações básicas sobre números são a relação de igualdade e a relação de menor e, por extensão, a relação de menor-ou-igual, a relação de maior, etc. Assumimos que o leitor está familiarizado com estas noções.

O princípio de indução reflete umas das intuições básicas acerca dos números. Esta é a nossa ferramenta principal para estabelecer resultados acerca de todos os elementos do conjunto infinito dos números.

Definição 1.2.2 Um conjunto de números diz-se *indutivo* se contém o número 0 e é fechado para a operação de sucessor.

Princípio de indução Existe um único conjunto indutivo, o próprio conjunto dos números.

Consideremos um exemplo de aplicação deste princípio. Suponhamos que nos é dito que existe uma função f de números para números tal que $f(0) = 1$ e $f(n+1) = 2 \times f(n)$. Gostaríamos de demonstrar que, de facto, $f(n) = 2^n$, para todo o número n.

Seja S o conjunto de números n para os quais $f(n) = 2^n$; vamos mostrar que S é indutivo. Começamos por observar que, como $f(0) = 1$ e $2^0 = 1$, então $0 \in S$. Em seguida, supomos que $k \in S$, ou seja, que $f(k) = 2^k$. Então, $f(k+1) = 2 \times f(k) = 2 \times 2^k = 2^{k+1}$ e, portanto, $k + 1 \in S$. Nestas condições, podemos concluir que S é indutivo, o que implica que S é o conjunto dos números, ou seja, $f(n) = 2^n$, para todo o número n.

As demonstrações por indução vão ser utilizadas frequentemente ao longo do texto pelo que se assume que o leitor se encontra familiarizado com elas.

Exercícios

Exercício 1.2.1 Um conjunto de números T diz-se *completamente indutivo* se, dado um número n, então $n \in T$ se todos os números menores do que n pertencerem a T. Mostre, recorrendo ao princípio de indução, que existe um único conjunto completamente indutivo, que é o conjunto dos números.

1.3   Enquadramento da teoria de conjuntos

Concentramo-nos agora na teoria de conjuntos, começando com algumas noções gerais. Esta secção é uma breve revisão das ferramentas usuais para o tratamento de números, relações, funções e de outros objetos matemáticos como sejam os conjuntos. Tal como afirmámos anteriormente, neste capítulo seguimos uma abordagem informal. Assumimos que se $x_1, x_2, \ldots, x_n$ são conjuntos, então $\{x_1, x_2, \ldots, x_n\}$ também é um conjunto. Assumimos ainda que podemos formar uniões de conjuntos e que o conjunto vazio existe. Finalmente, assumimos que $\in$ e $\subseteq$ têm, em geral, significado. A notação adotada é a notação padrão.

Uma vez que, quer o tratamento de funções, quer o tratamento de relações envolve o conceito de par ordenado, é por aqui que começamos. A ideia fundamental acerca de pares ordenados é:

$$\langle a, b \rangle = \langle x, y \rangle \quad \text{se e só se} \quad a = x \text{ e } b = y \tag{1.1}$$

A definição seguinte (que se deve Kuratowski) designa um particular conjunto para se comportar como um par ordenado, de tal forma que é possível demonstrar que a condição (1.1) é verdadeira.

Definição 1.3.1

$$\langle a, b \rangle = \{\{a\}, \{a, b\}\}$$

Teorema 1.3.2 $\langle a, b \rangle = \langle x, y \rangle$ *se e só se* $a = x$ *e* $b = y$.

Demonstração Se $a = x$ e $b = y$, é fácil concluir que $\langle a, b \rangle = \langle x, y \rangle$. Suponhamos então que $\langle a, b \rangle = \langle x, y \rangle$, isto é,

$$\{\{a\}, \{a, b\}\} = \{\{x\}, \{x, y\}\}.$$

Na sequência, referimo-nos ao lado esquerdo e ao lado direito desta equação por LE e LD, respetivamente. A demonstração divide-se em três casos.

Caso 1. Suponhamos que $a = b$. Então LE $= \{\{a\}, \{a, a\}\} = \{\{a\}\}$. Este conjunto tem apenas um elemento e, portanto, LD também tem apenas um elemento. Logo, $\{x\} = \{x, y\}$, o que implica $x = y$. Nestas condições, LD $= \{\{x\}, \{x, x\}\} = \{\{x\}\}$. Assim, temos que $\{\{a\}\} = \{\{x\}\}$, o que implica que $\{a\} = \{x\}$, ou seja $a = x$. E portanto, podemos concluir que $a = b = x = y$.

Caso 2. Suponhamos que $x = y$. Este caso é semelhante ao Caso 1.

Caso 3. Suponhamos que $a \neq b$ e $x \neq y$. Neste caso, como $\{a\} \in$ LE então $\{a\} \in$ LD, o que implica que $\{a\} = \{x\}$ ou $\{a\} = \{x, y\}$. O segundo caso não é possível porque $\{a\}$ tem apenas um elemento enquanto $\{x, y\}$ tem dois elementos. Consequentemente, $\{a\} = \{x\}$, ou seja $a = x$. Por outro lado, como $\{a, b\} \in$ LE então $\{a, b\} \in$ LD, o que implica que $\{a, b\} = \{x\}$ ou $\{a, b\} = \{x, y\}$. Neste caso, a primeira condição é claramente impossível pois $a \neq b$ e, portanto, tem que se verificar a segunda condição. Podemos concluir que, como $b \in \{a, b\}$, então também $b \in \{x, y\}$, ou seja, ou $b = x$ ou $b = y$. O primeiro caso é impossível visto que $a = x$ mas $a \neq b$. Assim, temos que ter $b = y$. ∎

Não é necessário discutir as noções de triplos ordenados, ou quádruplos ordenados, etc, uma vez que estes se podem reduzir à noção anterior.

Definição 1.3.3 Considere-se a seguinte sequência de definições:

$$\langle x, y, z \rangle = \langle x, \langle y, z \rangle \rangle$$

$$\langle x, y, z, w \rangle = \langle x, \langle y, z, w \rangle \rangle$$

e assim sucessivamente.

Discutimos em seguida a noção de relação. Cada relação R que possamos imaginar tem associado um conjunto de pares ordenados R^*: coloque-se em R^* cada par ordenado $\langle x, y \rangle$ tal que x está na relação R com y. De igual modo, a cada conjunto R^* de pares ordenados corresponde uma relação R: x está na relação R com y se $\langle x, y \rangle \in R^*$. Consequentemente, em teoria de conjuntos, pensamos em relações *como sendo* conjuntos de pares ordenados.

Definição 1.3.4 Uma *relação binária* é um conjunto R de pares ordenados. Uma *relação ternária* é um conjunto de triplos ordenados, e assim sucessivamente.

Tal como as relações, as funções também podem ser tratadas como conjuntos de pares ordenados, satisfazendo uma condição adicional. Suponha-se que f é uma função. Defina-se um conjunto f^* da seguinte forma: coloque-se em f^* cada par ordenado $\langle x, y \rangle$ tal que $f(x) = y$. Nestas condições, dizemos que f^* satisfaz a propriedade *funcional*: se $\langle x, y \rangle \in f^*$ e $\langle x, y' \rangle \in f^*$ então $y = y'$. Reciprocamente, se f^* é um conjunto de pares ordenados (isto é, uma relação) que satisfaz a propriedade funcional então podemos definir uma função f fixando $f(x)$ como sendo o único y tal que $\langle x, y \rangle \in f^*$.

Definição 1.3.5 Uma *função n-ária* é uma relação $n + 1$-ária f que satisfaz a propriedade funcional:

$$\langle x_1, \ldots, x_n, y \rangle \in f \text{ e } \langle x_1, \ldots, x_n, y' \rangle \in f \text{ implica } y = y'.$$

Quando f é uma função n-ária vamos escrever $f(x_1, \ldots, x_n) = y$ em vez de $\langle x_1, \ldots, x_n, y \rangle \in f$. O *domínio* de f é o conjunto de todos os tuplos n-ários $\langle x_1, \ldots, x_n \rangle$ tais que $\langle x_1, \ldots, x_n, y \rangle \in f$, para algum y. Adicionalmente, a *imagem* de f é o conjunto de todos os y tais que $\langle x_1, \ldots, x_n, y \rangle \in f$, para algum tuplo n-ário $\langle x_1, \ldots, x_n \rangle$,

Os números podem ser representados por conjuntos de diversas formas. Torna-se particularmente conveniente representar o número n por um conjunto contendo n elementos e Von Neumann propôs uma forma bastante simples de obter esta representação. Suponhamos que já foram definidos conjuntos para representar cada um dos números $0, 1, 2, \ldots, n - 1$, que denotamos por $0^*, 1^*, 2^*, \ldots, (n-1)^*$. Necessitamos agora de um conjunto com n elementos para representar n. A escolha óbvia é escolher n^* como sendo o conjunto $\{0^*, 1^*, 2^*, \ldots, (n-1)^*\}$. Assim, o representante para um número é o conjunto formado pelos representantes para os números menores do que ele. A ideia de Von Neumann era tornar esta a definição de número propriamente dita, no contexto da teoria de conjuntos. Nestas condições, 0 seria o conjunto vazio e $n + 1 = \{0, 1, \ldots, n-1, n\} = \{0, 1, \ldots, n-1\} \cup \{n\} = n \cup \{n\}$. Assim, a nossa definição é a que se segue.

Definição 1.3.6 Considere-se a seguinte operação sobre conjuntos: $x^+ = x \cup \{x\}$. Então, seja $0 = \emptyset$, $1 = 0^+$, $2 = 1^+$, $3 = 2^+$, e assim sucessivamente. Por fim, $\omega = \{0, 1, 2, \ldots\}$. De forma equivalente, ω é o menor conjunto que contém $\emptyset$ e é fechado para $x \mapsto x^+$.

A partir desta definição podemos observar que, para os elementos de ω, a operação $<$ corresponde a $\in$, isto é, se $n < k$, em termos de números, então $n \in k$, em termos de elementos de ω, e vice-versa. Isto implica o seguinte princípio.

Princípio da tricotomia Para $n, k \in \omega$, verifica-se exatamente uma das seguintes condições: $n \in k$, $n = k$, ou $k \in n$.

Assumimos, por vezes, os números como primitivos. Outras vezes assumimo-los como conjuntos — elementos de ω — tal como foi definido acima. Cada uma destas situações pode ser distinguida, dependendo do contexto (ou pelo menos, assim o esperamos).

As sequências finitas podem agora ser tratadas de uma forma muito simples. Em vez de utilizar a notação 'convencional' $a_0, a_1, \ldots, a_n$, vamos antes utilizar uma função f cujo domínio é $\{0, 1, \ldots, n\}$ e tal que $f(i) = a_i$. Mas convém não esquecer que $\{0, 1, \ldots, n\}$ é n^+, isto é, um número, e que as funções são conjuntos específicos.

Definição 1.3.7 Uma *sequência finita* é uma função f cujo domínio é um número, a que se chama *comprimento* da sequência finita. No caso de uma sequência finita f, escrevemos f_i em vez de $f(i)$.

Por enquanto, são apenas estas as noções gerais de teoria de conjuntos de que iremos necessitar.

Exercícios

Exercício 1.3.1 Mostre que $\langle a, b, c \rangle = \langle x, y, z \rangle$ se e só se $a = x$, $b = y$ e $c = z$.

Exercício 1.3.2 Suponha que a e b são sequências finitas, cada uma com comprimento igual a 2, e $a_0 = b_0$ e $a_1 = b_1$. Mostre que $a = b$. Nota: esta igualdade é a igualdade entre conjuntos, pelo que o que tem que ser demonstrado é que a e b têm os mesmos elementos.

1.4 Conjuntos hereditariamente finitos

Os conjuntos hereditariamente finitos, tal os números, encontram-se entre os objetos matemáticos mais concretos. Um conjunto hereditariamente finito é um conjunto que é finito, todos os seus elementos são finitos, os elementos dos seus elementos também são finitos, e assim sucessivamente. Quando representamos entidades matemáticas como relações e funções usando conjuntos, são aquelas que tomamos como finitárias que são representadas por conjuntos hereditariamente finitos. Em particular, todas as estruturas sintáticas de lógica formal, como fórmulas ou demonstrações, podem ser representadas de uma forma natural por conjuntos hereditariamente finitos e é esta a razão do nosso interesse por estes conjuntos. Neste secção, apresentamos duas caracterizações distintas para os conjuntos hereditariamente finitos e demonstramos que são equivalentes.

A primeira caracterização está mais próxima da noção informal de conjunto finito de conjuntos finitos de, etc. Com efeito, trata-se exatamente dessa definição, mas apresentada ao contrário, ou seja, em que se descreve como se podem construir os conjuntos hereditariamente finitos. Por agora, utilizaremos o nome H; será posteriormente substituído por um nome melhor.

Definição 1.4.1 A coleção H de *conjuntos hereditariamente finitos* é a coleção gerada pelas regras seguintes.

1. $\emptyset \in H$;

2. se $x_1, x_2, \ldots, x_n \in H$ então $\{x_1, x_2, \ldots, x_n\} \in H$.

Note-se que todo o subconjunto finito de H é um elemento de H. Esta asserção é verdadeira para o conjunto vazio pela condição 1, e para os conjuntos não vazios pela condição 2.

A segunda caracterização envolve a operação de conjunto potência (ou conjunto das partes): $\mathcal{P}(x)$ denota a coleção de todos os subconjuntos de x.

Definição 1.4.2 Considere-se a sucessão de conjuntos $R_0, R_1, \ldots$, e o termo 'limite' definidos como se segue:

1. $R_0 = \emptyset$;

2. $R_{n+1} = \mathcal{P}(R_n)$;

3. $R_\omega = R_0 \cup R_1 \cup R_2 \cup \ldots$.

Acabámos de caracterizar duas coleções de conjuntos, H e R_ω. Vamos agora mostrar que são o mesmo objeto.

Teorema 1.4.3 *Temos que $R_n \subseteq H$, para cada n. Consequentemente, também se verifica $R_\omega \subseteq H$.*

Demonstração Vamos mostrar por indução que $R_n \subseteq H$, para cada n. O facto de $R_\omega \subseteq H$ é, depois, uma consequência imediata da definição de R_ω.

$R_0 \subseteq H$ visto que $R_0 = \emptyset$.

Suponha-se que $R_n \subseteq H$; vamos mostrar que $R_{n+1} \subseteq H$. Seja $x \in R_{n+1}$. Então $x \subseteq R_n$ e, portanto, $x \subseteq H$. Mas, pelo Exercício 1.4.2, R_n é finito logo x também é finito e, como é um subconjunto finito de H, então tem que ser um elemento H. ∎

O Exercício 1.4.3 permite mostrar que a sucessão $R_0, R_1, \ldots$ é cumulativa, estritamente crescente e acabará por incluir qualquer número. O próximo resultado mostra que a sequência $R_0, R_1, \ldots$ acabará por incluir *todos* os conjuntos hereditariamente finitos.

Teorema 1.4.4 $H \subseteq R_\omega$.

Demonstração A definição de conjunto hereditariamente finito não é mais do que uma lista de instruções para gerar estes conjuntos. Vamos mostrar que quando se seguem essas instruções, todos os conjuntos resultantes pertencem a R_ω.

Note-se que $\emptyset \in H$. Adicionalmente, também se verifica $\emptyset \subseteq R_0$. Logo, $\emptyset \in R_1$ o que implica que $\emptyset \in R_\omega$.

Suponhamos agora que já gerámos os conjuntos hereditariamente finitos $x_1, x_2, \ldots, x_k$ e que, durante a geração destes conjuntos, verificámos que estes pertenciam a R_ω. Da definição de H, sabemos que $\{x_1, x_2, \ldots, x_k\} \in H$. Vamos mostrar em seguida que $\{x_1, x_2, \ldots, x_k\} \in R_\omega$. Se $x_1 \in R_\omega$ então existe n_1 tal que $x_1 \in R_{n_1}$. De igual modo, $x_2 \in R_{n_2}$ para algum n_2, $\ldots$, $x_k \in R_{n_k}$ para algum n_k. Seja n o maior dos números $n_1, n_2, \ldots, n_k$. Como R_i é uma sucessão cumulativa, pelo Exercício 1.4.3, então $\{x_1, x_2, \ldots, x_k\} \subseteq R_n$, o que implica que $\{x_1, x_2, \ldots, x_k\} \in R_{n+1}$ e, portanto, $\{x_1, x_2, \ldots, x_k\} \in R_\omega$. ∎

A partir deste momento sabemos que R_ω coincide com a coleção de conjuntos hereditariamente finitos H e, consequentemente, abandonamos o nome H passando a utilizar exclusivamente R_ω para designar a coleção de conjuntos hereditariamente finitos. A natureza 'construtiva' de R_ω permite-nos obter informação adicional acerca destes conjuntos. Permite-nos, por exemplo, introduzir a noção de *cota*.[1] Como a sucessão R_i é cumulativa, se $x \in R_\omega$, então tem que existir um *primeiro* R_n ao qual x pertence.

Definição 1.4.5 A *cota* de um conjunto hereditariamente finito x é n se $x \in R_{n+1}$ mas $x \notin R_n$. Isto é, R_{n+1} é o primeiro termo R_i ao qual x pertence.

---

[1]NdT: do inglês *rank*.

O Exercício 1.4.3 mostra que se n é um número então a sua cota é n.

Suponha-se que a cota de x é k. Então R_{k+1} é o primeiro termo R_i ao qual x pertence. Como $x \in R_{k+1}$ então $x \subseteq R_k$. Adicionalmente, se $y \in x$ então $y \in R_k$ e, portanto, o primeiro termo R_i ao qual y pertence tem que ser R_k ou um termo anterior. Acabámos de estabelecer o seguinte resultado.

Facto útil Se x é conjunto hereditariamente finito, a cota de cada elemento de x tem que ser menor do que a cota de x.

Este resultado será útil quando se demonstrarem resultados acerca de elementos de R_ω. Concluímos esta secção com uma lista de propriedades de R_ω que resultam dos exercícios seguintes ou são consequências imediatas da definição.

1. Se $x \in R_\omega$ e $y \in x$ então $y \in R_\omega$. Isto é, um elemento de um conjunto hereditariamente finito é hereditariamente finito; R_ω é transitivo.

2. Se $x \in R_\omega$ e $y \subseteq x$ então $y \in R_\omega$. Isto é, um subconjunto de um conjunto hereditariamente finito é hereditariamente finito.

3. $\emptyset \in R_\omega$.

4. R_ω é fechado para a construção de subconjuntos finitos, conjunto potência, e união.

5. Se $x \in R_\omega$ então x é disjunto de um dos seus elementos.

Exercícios

Exercício 1.4.1 Demonstre as asserções seguintes recorrendo à Definição 1.4.1 e, em seguida, recorrendo à Definição 1.4.2.

1. O número 3 está em R_ω.

2. Se $x \in R_\omega$ então $x^+ \in R_\omega$.

3. Todo o número está em R_ω.

Exercício 1.4.2 Demonstre as asserções seguintes, que justificam a designação 'conjunto potência'.

1. Suponha que cada conjunto com n elementos tem 2^n subconjuntos. Seja x tal que x tem $n + 1$ elementos. Mostre que $\mathcal{P}(x)$ tem 2^{n+1} elementos.

2. Mostre que um conjunto com n elementos tem 2^n subconjuntos.

3. Mostre que R_n é finito, para cada número n.

Exercício 1.4.3 Demonstre cada uma das asserções seguintes:

1. Se $x \in R_n$ então $x \subseteq R_n$ (por indução em n).

2. $R_n \in R_{n+1}$.

3. $R_n \subseteq R_{n+1}$.

4. $n \in R_{n+1}$ (por indução em n).

5. $n \notin R_n$ (por indução em n).

Exercício 1.4.4 Mostre que a asserção seguinte sobre R_ω é verdadeira: todo o elemento x tem um elemento y disjunto de x, i.e. tal que $x \cap y = \emptyset$. Sugestão: escolha y como sendo um dos elementos x cuja cota é a menor.

Exercício 1.4.5 Mostre cada uma das asserções seguintes:

1. $x, y \in R_n$ implica $\{x, y\} \in R_{n+1}$.

2. $x \in R_n$ implica $\mathcal{P}(x) \in R_{n+1}$.

3. $x \in R_n$ implica $\bigcup x \in R_n$.

1.5 Números e conjuntos

Vimos na Secção 1.3 que os números podem ser identificados com certos conjuntos e vimos na Secção 1.4 que estes conjuntos são hereditariamente finitos. A partir de agora vamos tornar esta identificação oficial.

- De agora em diante, consideramos os números como sendo os elementos de ω.

Com efeito, quando investigamos os conjuntos hereditariamente finitos, estamos a investigar números, dado que $\omega \subseteq R_\omega$. Esta é a primeira, mas não a última, instância neste texto de uma situação em que se identifica uma certa noção intuitiva com uma família de conjuntos.

De facto, a relação entre conjuntos hereditariamente finitos e números é mais forte do que parece. Existe um importante *isomorfismo* entre estes, que se deve a Ackermann. Isto significa que os conjuntos hereditariamente finitos podem ser codificados por números de tal forma que operações básicas sobre conjuntos correspondem a operações aritméticas fáceis de caracterizar. Este isomorfismo irá desempenhar um papel fundamental em muito do que se segue. Para facilitar a apresentação, começamos por definir a codificação inversa. A ideia subjacente a esta codificação recorre a notação binária e é particularmente elegante. Por exemplo, 10010 tem as posições (que se encontram escritas em subscrito) numeradas como se segue: $1_4 0_3 0_2 1_1 0_0$.

Definição 1.5.1 Seja $\mathcal{H} : \omega \to R_\omega$ a função definida por:

$$\mathcal{H}(n) = \{\mathcal{H}(k) \mid 1 \text{ ocorre na posição } k \text{ na expansão binária de } n\}.$$

Seguem-se alguns exemplos.

$$
\begin{aligned}
\mathcal{H}(0) \;&= \emptyset \\
\mathcal{H}(1) \;&= (1)_2 = \{\mathcal{H}(0)\} = \{\emptyset\} \\
\mathcal{H}(2) \;&= (10)_2 = \{\mathcal{H}(1)\} = \{\{\emptyset\}\} \\
\mathcal{H}(3) \;&= (11)_2 = \{\mathcal{H}(0), \mathcal{H}(1)\} = \{\emptyset, \{\emptyset\}\}
\end{aligned}
$$

O resultado seguinte é um resultado nuclear. A demonstração não é particularmente difícil e é deixada como exercício.

Teorema 1.5.2 *A aplicação* $\mathcal{H} : \omega \to R_\omega$ *é injetiva e sobrejetiva.*

Definição 1.5.3 A aplicação $\mathcal{G} : R_\omega \to \omega$ é a inversa de $\mathcal{H}$.

A aplicação $\mathcal{G}$ codifica conjuntos hereditariamente finitos usando números. Chamamos *número de Gödel* do conjunto s a $\mathcal{G}(s)$. Demonstramos em seguida que as operações sobre conjuntos correspondem, de uma forma mais ou menos direta, a operações numéricas sobre os seus números de Gödel. No que se segue, DIV denota o quociente de uma divisão e MOD denota o resto.

Proposição 1.5.4 *Dados* $s, t \in R_\omega$, $s \in t$ *se e só se* $[\mathcal{G}(t) \text{ DIV } 2^{\mathcal{G}(s)}] \text{ MOD } 2 = 1$.

Demonstração $(n \text{ DIV } 2^k) \text{ MOD } 2$ é o digito na posição k da expansão binária de n. ∎

No que se segue, a operação BITAND combina duas expansões binárias fazendo a respetiva conjunção, posição a posição. Ou seja, n BITAND m é o número cujo o digito na posição k da sua expansão binária é 1 se ambos os dígitos na posição k das expansões binárias de n e m também são 1, e é 0 em caso contrário. De modo semelhante, a operação BITOR combina duas expansões binárias fazendo a respetiva disjunção, posição a posição.[2] O próximo resultado é imediato.

Proposição 1.5.5 *Sejam* $s, t \in R_\omega$.

1. $\mathcal{G}(s \cap t) = \mathcal{G}(s) \text{ BITAND } \mathcal{G}(t)$.

2. $\mathcal{G}(s \cup t) = \mathcal{G}(s) \text{ BITOR } \mathcal{G}(t)$.

---

[2]NdT: Mantiveram-se os nomes originais das operações DIV, MOD, BITAND e BITOR.

3. $\mathcal{G}(\{t\}) = 2^{\mathcal{G}(t)}$.

4. $\mathcal{G}(s \cup \{t\}) = \mathcal{G}(x)$ BITOR $2^{\mathcal{G}(t)}$.

As operações BITAND e BITOR podem, por sua vez, ser reduzidas a operações mais convencionais, usando recursão. Tal resultado é deixado como exercício.

Exercícios

Exercício 1.5.1 Sabendo que 3 é elemento de R_ω, avalie $\mathcal{G}(3)$.

Exercício 1.5.2 Mostre que a aplicação $\mathcal{H} : \omega \to R_\omega$ é injetiva e sobrejetiva. Sugestão: Para mostrar que a aplicação é sobrejetiva, mostre que cada elemento de R_n pertence à imagem de $\mathcal{H}$, por indução em n. Pode, se assim o entender, recorrer ao Facto útil da secção anterior. Se $\mathcal{H}$ não for injetiva, então terá que existir um conjunto hereditariamente finito com menor cota que seja imagem de dois números. A partir deste resultado é fácil derivar uma contradição.

Exercício 1.5.3 Demonstre as asserções seguintes.

1. n BITAND $m = ((n$ DIV $2)$ BITAND $(m$ DIV $2)) \times 2 + (n$ MOD $2) \times (m$ MOD $2)$.

2. n BITOR $m = ((n$ DIV $2)$ BITOR $(m$ DIV $2)) \times 2 + (n$ MOD $2) + (m$ MOD $2) - (n$ MOD $2) \times (m$ MOD $2)$.

Exercício 1.5.4 Mostre que $\mathcal{G}(x^+) = 2^{\mathcal{G}(x)} + x$.

Exercício 1.5.5 Mostre que se $s \in t$ então $\mathcal{G}(s) < \mathcal{G}(t)$.

Capítulo 2

Enquadramento lógico

2.1 Introdução

O tópico principal deste texto é, talvez, a distinção entre o que é verdade e o que se consegue derivar formalmente. E, como é evidente, antes de se poder derivar algo, há que o poder exprimir. Neste capítulo, definimos a sintaxe da lógica de primeira ordem, de forma a tornar a linguagem precisa. Em seguida, discutimos a semântica da lógica de forma a termos uma noção rigorosa de verdade. A noção de derivabilidade será discutida adiante, no início do Capítulo 7. Recomendamos ao leitor que, mesmo que já esteja familiarizado com os conceitos introduzidos neste capítulo, não deixe de fazer uma leitura superficial de forma a habituar-se à notação utilizada. Diferentes autores utilizam, por vezes, uma notação diferente.

2.2 Sintaxe

Ao longo deste texto iremos utilizar algumas linguagens de primeira ordem. Alguns símbolos são comuns a todas elas; é por esses que começamos.

Conectivos Proposicionais A escolha é, de certa forma, arbitrária. Iremos usar ¬ (negação) e os *conectivos binários* ∧ (conjunção), ∨ (disjunção), ⊃ (implicação) e, por vezes, ≡ (equivalência).

Quantificadores Existem dois: ∀ (para todo, o quantificador universal), e ∃ (existe um, o quantificador existencial).

Pontuação ')', '(', e ','.

Variáveis $v_0, v_1, \ldots$ (podemos, em certas circunstâncias, escrever x, y, $\ldots$, de forma a facilitar a leitura).

Apresentamos agora os símbolos que podem variar de linguagem para linguagem.

Definição 2.2.1 Uma *linguagem de primeira ordem* é determinada por:

1. um conjunto finito ou contável **R** de *símbolos de relação*, em que cada um deles tem um número inteiro positivo associado. Se $P \in \mathbf{R}$ tem o número inteiro n associado, dizemos que P é um símbolo de relação de aridade n;

2. um conjunto finito ou contável **F** de *símbolos de função*, em que cada um deles têm um número inteiro positivo associado. Se $f \in \mathbf{F}$ tem o número inteiro n associado, dizemos que f é um símbolo de função de aridade n;

3. um conjunto finito ou contável **C** de *símbolos de constante*.

Usamos a notação $L(\mathbf{R}, \mathbf{F}, \mathbf{C})$ para a linguagem de primeira ordem determinada por **R**, **F** e **C**.

Fixada a especificação dos elementos básicos da sintaxe, o alfabeto, vamos agora definir construções mais complexas. Começamos pela noção de *termo*. Um termo pode ser visto como um nome ou pronome da linguagem. É aquilo que, de uma forma intuitiva, dá nome aos objetos

Definição 2.2.2 A família dos *termos* de $L(\mathbf{R}, \mathbf{F}, \mathbf{C})$ é o menor conjunto que satisfaz as seguintes condições:

1. toda a variável é termo de $L(\mathbf{R}, \mathbf{F}, \mathbf{C})$;

2. todo o símbolo de constante (elemento de **C**) é termo de $L(\mathbf{R}, \mathbf{F}, \mathbf{C})$;

3. se f é símbolo de função de aridade n (elemento de **F**) e $t_1, \ldots, t_n$ são termos de $L(\mathbf{R}, \mathbf{F}, \mathbf{C})$ então $f(t_1, \ldots, t_n)$ é termo de $L(\mathbf{R}, \mathbf{F}, \mathbf{C})$.

Um termo diz-se *fechado* se não contém variáveis.

Apresentamos, em seguida, a noção de *fórmula*. São as fórmulas que nos permitem fazer asserções.

Definição 2.2.3 Uma *fórmula atómica* de $L(\mathbf{R}, \mathbf{F}, \mathbf{C})$ é uma expressão da forma $R(t_1, \ldots, t_n)$ em que R é símbolo de relação de aridade n (elemento de **R**) e $t_1, \ldots, t_n$ são termos de $L(\mathbf{R}, \mathbf{F}, \mathbf{C})$.

Definição 2.2.4 A família das *fórmulas* de $L(\mathbf{R}, \mathbf{F}, \mathbf{C})$ é o menor conjunto que satisfaz as seguintes condições:

1. toda a fórmula atómica de $L(\mathbf{R}, \mathbf{F}, \mathbf{C})$ é fórmula de $L(\mathbf{R}, \mathbf{F}, \mathbf{C})$;

2. se A é fórmula de $L(\mathbf{R}, \mathbf{F}, \mathbf{C})$ então $\neg A$ também é fórmula de $L(\mathbf{R}, \mathbf{F}, \mathbf{C})$;

3. se A e B são fórmulas de $L(\mathbf{R}, \mathbf{F}, \mathbf{C})$ então $(A \circ B)$ também é fórmula de $L(\mathbf{R}, \mathbf{F}, \mathbf{C})$, para cada conectivo binário $\circ$;

4. se A é fórmula de $L(\mathbf{R}, \mathbf{F}, \mathbf{C})$ e x é variável então $(\forall x)A$ e $(\exists x)A$ também são fórmulas de $L(\mathbf{R}, \mathbf{F}, \mathbf{C})$.

Os termos em que pensamos quando queremos dar nomes aos objetos são facilmente identificáveis: são os termos fechados, sem variáveis. De modo semelhante, as fórmulas sem variáveis 'reais' são as que identificamos como fazendo asserções. O problema é que as variáveis não contam se estiverem no âmbito de um quantificador. Assim, precisamos de definir em que situações é que a ocorrência de uma variável é *muda*, isto é, a variável ocorre no âmbito de um quantificador, e em que situações é que a ocorrência de uma variável é *livre*, isto é, a variável não ocorre no âmbito de um quantificador. Existem diversas maneiras, ligeiramente diferentes entre si, de definir estes conceitos. Achamos mais conveniente começar por definir a noção de *substituição*, visto que esta é uma noção vai ser necessária à frente. A notação utilizada para denotar a substituição da variável x pelo termo t é $[\frac{x}{t}]$. Começamos pela noção de substituição em termo, onde este conceito é fácil de definir. A definição segue de perto a definição de termo.

Definição 2.2.5 Seja x variável e t termo de $L(\mathbf{R}, \mathbf{F}, \mathbf{C})$:

1. para cada variável y,

$$y\left[\tfrac{x}{t}\right] = \begin{cases} t & \text{se } x = y \\ y & \text{se } x \neq y; \end{cases}$$

2. para cada símbolo de constante c, $c\left[\tfrac{x}{t}\right] = c$;

3. para cada símbolo de função f, $f(t_1, \ldots, t_n)\left[\tfrac{x}{t}\right] = f(t_1\left[\tfrac{x}{t}\right], \ldots, t_n\left[\tfrac{x}{t}\right])$.

É fácil de mostrar que, para um termo u, $u\left[\tfrac{x}{t}\right]$ é o termo que resulta de substituir *todas* as ocorrências de x em u por ocorrências de t (cf. Exercício 2.2.1). No caso das fórmulas, a presença de quantificadores complica um pouco a definição deste conceito.

Definição 2.2.6 A substituição em fórmulas de $L(\mathbf{R}, \mathbf{F}, \mathbf{C})$ é definida como se segue:

1. para fórmulas atómicas, $R(t_1, \ldots, t_n)\left[\begin{smallmatrix}x\\t\end{smallmatrix}\right] = R(t_1\left[\begin{smallmatrix}x\\t\end{smallmatrix}\right], \ldots, t_n\left[\begin{smallmatrix}x\\t\end{smallmatrix}\right])$;

2. $[\neg A]\left[\begin{smallmatrix}x\\t\end{smallmatrix}\right] = \neg A\left[\begin{smallmatrix}x\\t\end{smallmatrix}\right]$;

3. para cada conectivo binário $\circ$, $(A \circ B)\left[\begin{smallmatrix}x\\t\end{smallmatrix}\right] = (A\left[\begin{smallmatrix}x\\t\end{smallmatrix}\right] \circ B\left[\begin{smallmatrix}x\\t\end{smallmatrix}\right])$;

4. para cada fórmula quantificada,

$$[(\forall y)A]\left[\begin{smallmatrix}x\\t\end{smallmatrix}\right] = \begin{cases} (\forall y)A & \text{se } x = y \\ (\forall y)[A\left[\begin{smallmatrix}x\\t\end{smallmatrix}\right]] & \text{se } x \neq y. \end{cases}$$

O caso do quantificador existencial define-se de modo semelhante.

Podemos, agora, dizer que as variáveis 'reais' são aquelas que mudam sob o efeito de uma substituição.

Definição 2.2.7 A variável x tem uma *ocorrência livre* na fórmula A se $A\left[\begin{smallmatrix}x\\t\end{smallmatrix}\right] \neq A$ para algum termo t. Uma fórmula na qual nenhuma variável tenha uma ocorrência livre diz-se uma *fórmula fechada*.

No Exercício 2.2.3, pede-se ao leitor que encontre uma caracterização alternativa da noção de fórmula fechada. Mais à frente, na Secção 5.4, esta caraterização vai ser útil.

Notação De forma a manter a notação simples, iremos escrever as substituições informalmente, como a seguir se descreve. Quando escrevermos $\varphi(x)$ estamos a assumir que nos estamos a referir a uma fórmula φ na qual a variável x poderá ter ocorrências livres (embora tal não seja obrigatório). Nestas condições, quando, posteriormente, escrevermos $\varphi(t)$, pretendemos com isso designar a fórmula $\varphi(x)\left[\begin{smallmatrix}x\\t\end{smallmatrix}\right]$.

Exercícios

Exercício 2.2.1 Mostre, por indução na complexidade de u, que $u\left[\begin{smallmatrix}x\\t\end{smallmatrix}\right]$ é o termo resultante de substituir todas as ocorrências de x em u por ocorrências de t, quaisquer que sejam os termos u, t e a variável x.

Exercício 2.2.2 Suponha que x é a única variável com ocorrências livres na fórmula $\varphi(x)$ e que t é termo fechado. Mostre que $\varphi(t)$ é fórmula fechada.

Exercício 2.2.3

1. Caracterize (recursivamente) a relação seguinte, sem recorrer à noção de substituição: S é o conjunto de variáveis que têm ocorrências livres na fórmula A.

2. Mostre que a caracterização anterior é equivalente à caracterização dada na Definição 2.2.7.

3. Defina a noção de fórmula fechada sem recorrer à noção de substituição.

2.3 Modelos

Uma linguagem formal, tal como foi definida na secção anterior, inclui símbolos de constante, símbolos de função e símbolos de relação. Mas as expressões dessa linguagem não têm qualquer significado enquanto não se disser o que é que estes símbolos designam. Uma maneira de definir essas designações é através da noção de *modelo*, ou *estrutura*. Começamos por apresentar a noção geral de estrutura e, em seguida, apresentamos as duas principais estruturas que nos vão interessar daqui em diante: uma estrutura para a aritmética e uma estrutura para os conjuntos hereditariamente finitos.

Definição 2.3.1 Seja $L(\mathbf{R}, \mathbf{F}, \mathbf{C})$ linguagem de primeira ordem. Um *modelo* para esta linguagem é uma estrutura $\mathcal{M} = \langle \mathcal{D}, \mathcal{I} \rangle$, em que $\mathcal{D}$ é um conjunto não vazio, a que se chama *domínio* do modelo, e $\mathcal{I}$ é uma aplicação, a que se chama *interpretação*, que: associa a cada símbolo de relação $R \in \mathbf{R}$ de aridade n uma relação $R^{\mathcal{I}}$ de aridade n sobre $\mathcal{D}$; associa a cada símbolo de função $f \in \mathbf{F}$ de aridade n uma função $f^{\mathcal{I}} : \mathcal{D}^n \to \mathcal{D}$ de aridade n; e associa a cada símbolo de constante $c \in \mathbf{C}$ um elemento $c^{\mathcal{I}}$ de $\mathcal{D}$.

Um modelo especifica os objetos acerca dos quais estamos a falar e o que é que os símbolos de relação, símbolos de função e símbolos de constante significam, quando se referem a esses objetos. Um modelo apenas define a interpretação dos símbolos básicos mas esta interpretação pode ser facilmente estendida aos termos fechados.

Definição 2.3.2 Seja $L(\mathbf{R}, \mathbf{F}, \mathbf{C})$ linguagem e $\mathcal{M} = \langle \mathcal{D}, \mathcal{I} \rangle$ modelo para essa linguagem. A interpretação de um termo fechado t, denotada por $t^{\mathcal{M}} \in \mathcal{D}$, define-se da seguinte forma:

1. Para cada símbolo de constante c, seja $c^{\mathcal{M}} = c^{\mathcal{I}}$;

2. Para cada símbolo de função f de aridade n e termos fechados t_1, ..., t_n, seja
   $$[f(t_1, \ldots, t_n)]^{\mathcal{M}} = f^{\mathcal{I}}(t_1^{\mathcal{M}}, \ldots, t_n^{\mathcal{M}}).$$

O termo fechado t *designa* o objeto $t^{\mathcal{M}} \in \mathcal{D}$, ou, dá *nome* a $t^{\mathcal{M}} \in \mathcal{D}$.

Esta definição pode ser estendida a termos contendo variáveis livres mas tal noção apenas será necessária no Capítulo 7. Pode também ser estendida de modo a atribuir valores de verdade às fórmulas fechadas, o que será feito na próxima secção.

Até ao Capítulo 7, os modelos por nós considerados são bem comportados no que diz respeito aos termos — são canónicos, como a seguir se descreve.

Definição 2.3.3 Um modelo $\mathcal{M} = \langle \mathcal{D}, \mathcal{I} \rangle$ diz-se *canónico* relativamente a uma linguagem $L(\mathbf{R}, \mathbf{F}, \mathbf{C})$ se todo o elemento do domínio é designado por algum termo fechado da linguagem, isto é, se todo o elemento de $\mathcal{D}$ é da forma $t^{\mathcal{M}}$, para algum termo fechado t.

Nem todos os modelos são canónicos. Se considerarmos uma linguagem para estudar os números reais, existe uma quantidade contável de termos fechados enquanto os números reais são não contáveis. Consequentemente, qualquer modelo cujo domínio seja o conjunto dos números reais nunca será canónico, independentemente da linguagem considerada.

As noções apresentadas nesta secção são bastante gerais mas, no entanto, apenas precisamos de considerar alguns modelos específicos, os modelos ditos modelos para a aritmética e modelos para a teoria de conjuntos finitos. Começamos pela aritmética. Neste caso, pretendemos apresentar os conceitos suficientes para poder falar de contagem, soma e multiplicação. E pode-se levantar a questão de porque é que não consideramos também exponenciação, divisão inteira, entre outras? De facto, todas estas operações podem ser definidas num certo sentido, uma vez definidos os conceitos básicos. Demonstraremos isto mais tarde. Vamos utilizar a notação usual, $+$, $\times$, etc. para as operações propriamente ditas, como é usual em matemática. Na linguagem de primeira ordem vamos usar os símbolos correspondentes, $\oplus$, $\otimes$, etc.

Definição 2.3.4 *LA* (a 'linguagem da aritmética') é $L(\mathbf{R}, \mathbf{F}, \mathbf{C})$ onde:

1. $\mathbf{R}$ contém apenas o símbolo de relação binário $\approx$;

2. $\mathbf{F}$ contém os símbolos de função binários $\dot{\oplus}$ e $\otimes$, e o símbolo de função unário $\mathbb{S}$ (sucessor);

3. $\mathbf{C}$ contém o símbolo de constante $\mathbf{0}$.

O modelo para esta linguagem é o que seria de esperar e ao qual se chama usualmente *modelo padrão* ou *modelo standard* para aritmética.

Definição 2.3.5 O modelo $\mathbb{N}$ tem como domínio o conjunto ω, e tem como interpretação a aplicação $\mathcal{I}$ definida como se segue:

1. $\approx^{\mathcal{I}}$ é a relação de igualdade, $=$, em ω;

2. $\oplus^{\mathcal{I}}$ é a operação de adição, $+$, em ω;

3. $\otimes^{\mathcal{I}}$ é a operação de multiplicação, $\times$, em ω;

4. $\mathbb{S}^{\mathcal{I}}$ é a operação de somar 1, $x \mapsto x + 1$, em ω;

5. $\mathbf{0}^{\mathcal{I}} = 0$.

Em geral, ao escrever uma fórmula de primeira ordem de LA vamos ser um pouco informais. De acordo com a sintaxe apresentada, $\oplus(v_0, \mathbf{0})$ é um termo. No entanto, por conveniência, vamos escrevê-lo como $(v_0 \oplus \mathbf{0})$. Adicionalmente, e desde que não haja risco de confusão, vamos também omitir os parênteses, ou utilizar outros símbolos como os parênteses retos ou as chavetas, se tal tornar a leitura do termo mais fácil. De igual modo, vamos também utilizar a notação infixa para o símbolo de igualdade $\approx$, etc. Finalmente, recorde-se que, tal como se disse atrás em relação às variáveis, vamos escrever x, y, ..., em vez de v_0, v_1, ... Com estas convenções, a fórmula

$$(\forall v_0)(\forall v_1)((\exists v_2) \approx (\oplus(v_0, v_2), v_1) \vee (\exists v_2) \approx (\oplus(v_1, v_2), v_0))$$

será escrita como

$$(\forall x)(\forall y)[(\exists z)(x \oplus z \approx y) \vee (\exists z)(y \oplus z \approx x)].$$

Note-se que apenas vamos recorrer a estas abreviaturas quando estamos a *usar* as fórmulas. Quando as fórmulas estão a ser *analisadas* como objetos matemáticos, então não serão usadas quaisquer abreviaturas.

Consideramos em seguida a linguagem da teoria de conjuntos. Tal como anteriormente, vamos distinguir os símbolos matemáticos informais dos seus correspondentes formais. Mas há que ter em conta algumas outras questões. Por exemplo, o modelo $\mathbb{N}$ é um modelo canónico relativamente à linguagem LA (Exercício 2.3.1). Esta propriedade é útil e vamos querer transportá-la também para o contexto da teoria de conjuntos. Isto que implica que, embora a teoria de conjuntos seja muitas vezes formalizada numa linguagem que usa apenas o símbolo de relação $\in$ e não utiliza nenhum símbolo de função, não sigamos por esse caminho visto que iremos necessitar de termos fechados para designar os elementos do domínio.

Quando se utilizam símbolos de função em apresentações de teoria de conjuntos, estes são normalmente usados para designar operações tais como conjunto das partes, par não ordenado, ou união. Estas operações são comuns mas, por razões técnicas, torna-se conveniente utilizar uma quantidade de símbolos o mais pequena possível. Para este efeito, vamos utilizar uma operação, talvez um pouco menos conhecida, mas que nos permite introduzir, por definição, todas as operações anteriores e outras adicionais, desde de que estejamos a considerar apenas conjuntos hereditariamente finitos. A operação em causa é a operação de adicionar um elemento a um conjunto. Vamos utilizar a notação $\mathcal{A}(x, y)$ para esta operação, em *termos matemáticos*, cujo significado será "acrescentar ao conjunto x o elemento (eventualmente novo) y" e vamos definir $\mathcal{A}(x, y) = x \cup \{y\}$.

Definição 2.3.6 LS (a 'linguagem da teoria de conjuntos') é $L(\mathbf{R}, \mathbf{F}, \mathbf{C})$ onde:

1. **R** contém o símbolo de relação binário ε ;

2. **F** contém o símbolo de função binário $\mathbb{A}$;

3. **C** contém o símbolo de constante $\varnothing$.

Tal como no caso da aritmética, utilizámos na linguagem símbolos diferentes dos símbolos usados para denotar as operações sobre conjuntos. É de salientar que não existe símbolo para representar a igualdade. Vamos ver adiante que é possível recuperar os efeitos desse símbolo recorrendo aos outros símbolos. Como tal, e para manter a linguagem o mais simples possível, a igualdade não é considerada como operação primitiva da linguagem. Novamente, tal como no caso de *LA*, vamos ser informais na escrita de fórmulas e vamos escrever ε em notação infixa. Não será difícil prever qual vai ser o *modelo padrão* para a teoria de conjuntos hereditariamente finitos.

Definição 2.3.7 O modelo $\mathbb{HF}$ tem como domínio o conjunto R_ω e como interpretação a aplicação $\mathcal{I}$ definida como se segue:

1. $\varepsilon^{\mathcal{I}}$ é a relação de pertença, $\in$, em R_ω.

2. $\mathbb{A}^{\mathcal{I}}$ é a operação de acrescentar um elemento a um conjunto, $\mathcal{A}$, em R_ω.

3. $\varnothing^{\mathcal{I}} = \emptyset$.

Exercícios

Exercício 2.3.1 Mostre que, no modelo $\mathbb{N}$, todo o número em ω é designado por um número infinito de termos fechados de *LA*.

Exercício 2.3.2 Mostre que, no modelo $\mathbb{HF}$, todo o elemento de R_ω com a exceção de $\emptyset$, é designado por um número infinito de termos fechados de *LS*.

2.4   Valor de verdade em modelos canónicos

Já definimos as estruturas que vamos estudar, $\mathbb{N}$ and $\mathbb{HF}$. Já definimos as linguagens para falar acerca destas estruturas, *LA* and *LS*. Já descrevemos como é que os termos fechados designam os elementos dos domínios destas estruturas. No entanto, não dissemos qual o significado das *fórmulas* destas linguagens nas respetivas estruturas, ou seja, não dissemos ainda quais das fórmulas devem ser interpretadas como sendo verdadeiras.

A definição de valor de verdade de uma fórmula de uma linguagem formal num modelo deve-se a Tarski. Em geral, a definição desta noção é complicada pois envolve o facto de termos que lidar com a eventual presença de variáveis livres nas fórmulas, assunto que será abordado no Capítulo 7. No entanto, os modelos que estamos a considerar são *canónicos*: para cada elemento do domínio existe um termo fechado na linguagem que o designa. Para estes modelos, o valor de verdade de fórmulas fechadas pode ser definido sem ser necessário considerar variáveis livres. Consequentemente, vamos apenas considerar o caso do valor de verdade de fórmulas fechadas em modelos canónicos, por agora, uma vez que é tudo aquilo de que necessitamos. Vamos, no entanto, tentar perceber onde é que reside a dificuldade e a partir daí tentar perceber como é que esta pode, por enquanto, ser evitada. O problema surge quando se tenta definir o significado dos quantificadores. Por exemplo, a fórmula $(\forall x)\varphi(x)$ deverá ser verdadeira num modelo se $\varphi(x)$ for verdadeira para todo o elemento do domínio do modelo. Podem existir no domínio do modelo elementos para os quais não exista nenhum termo fechado na linguagem que o designe. Nesse caso, qual será o valor de $\varphi(x)$ nesses elementos? A solução proposta por Tarski consiste em atribuir valores do domínio diretamente às variáveis, quer estes valores sejam ou não designados por termos fechados. Nestas condições, $(\forall x)\varphi(x)$ assume o valor verdadeiro se $\varphi(x)$ for verdadeira, independentemente do valor atribuído a x. Isto obriga a que fórmulas com variáveis livres sejam tratadas diretamente. Por agora, vamos contornar o problema, recorrendo a termos fechados e considerando apenas modelos canónicos.

Definição 2.4.1 Sejam $L(\mathbf{R}, \mathbf{F}, \mathbf{C})$ linguagem e $\mathcal{M} = \langle \mathcal{D}, \mathcal{I} \rangle$ modelo canónico para esta linguagem. A fórmula atómica fechada $P(t_1, \ldots, t_n)$ é verdadeira em $\mathcal{M}$ se o tuplo $\langle t_1^{\mathcal{M}}, \ldots, t_n^{\mathcal{M}} \rangle$ de aridade n pertencer à relação $P^{\mathcal{I}}$.

Exemplo

1. No contexto da linguagem para a aritmética e do seu modelo padrão, mostra-se que a fórmula atómica fechada $\mathbb{S}(\mathbf{0}) \oplus \mathbb{S}(\mathbf{0}) \approx \mathbb{S}(\mathbb{S}(\mathbf{0}))$ é verdadeira.

2. Considere-se agora a linguagem para a teoria de conjuntos e o modelo $\mathbb{HF}$. Sejam t e u termos fechados quaisquer. A fórmula atómica fechada

$$u \, \varepsilon \, \mathbb{A}(\mathbb{A}(\varnothing, u), t)$$

é verdadeira.

Definição 2.4.2 Sejam $L(\mathbf{R}, \mathbf{F}, \mathbf{C})$ linguagem e $\mathcal{M} = \langle \mathcal{D}, \mathcal{I} \rangle$ modelo canónico para esta linguagem. O valor de verdade de uma fórmula fechada de L no modelo $\mathcal{M}$ define-se recursivamente como se segue:

1. O caso das fórmula atómicas já foi tratado na Definição 2.4.1;

2. $(A \wedge B)$ é verdadeira se A é verdadeira e B é verdadeira;

3. $(A \lor B)$ é verdadeira se A é verdadeira ou B é verdadeira;

4. $(A \supset B)$ é verdadeira se A não é verdadeira ou B é verdadeira;

5. $\neg A$ é verdadeira se A não é verdadeira;

6. $(\forall x)\varphi(x)$ é verdadeira se, para todo o termo fechado t da linguagem, $\varphi(t)$ é verdadeira;

7. $(\exists x)\varphi(x)$ é verdadeira se, existe um termo fechado t da linguagem tal que $\varphi(t)$ é verdadeira.

Quando uma fórmula fechada não é verdadeira, dizemos que é *falsa*.

Não definimos o valor de verdade para $\equiv$. Como este conectivo binário vai ser usado apenas ocasionalmente, em vez de se considerar como primitivo assume-se antes que é definido: $A \equiv B$ deve ser entendido com uma abreviatura de $(A \supset B) \land (B \supset A)$.

Exemplo

1. Mostra-se, usando o modelo padrão para a aritmética, $\mathbb{N}$, que a fórmula fechada $(\forall x)(\forall y)(x \oplus y \approx y \oplus x)$ é verdadeira enquanto a fórmula fechada $(\forall x)(\exists y)(x \otimes y \approx \mathbb{S}(\mathbf{0}))$ é falsa.

2. Mostra-se, usando o modelo padrão para a teoria de conjuntos hereditariamente finitos, $\mathbb{HF}$, que a fórmula fechada $(\forall x)(\exists y)(x \, \varepsilon \, y)$ é verdadeira enquanto a fórmula fechada $(\forall y)(\exists x)(x \, \varepsilon \, y)$ é falsa.

Exercícios

Exercício 2.4.1 Quais das seguintes fórmulas fechadas são verdadeiras nos respetivos modelos padrão?

1. $\{[(\forall x)(x \, \varepsilon \, t \supset x \, \varepsilon \, u) \land (\forall x)(x \, \varepsilon \, u \supset x \, \varepsilon \, t)] \land (t \, \varepsilon \, v)\} \supset (u \, \varepsilon \, v)$, onde t, u, e v são termos fechados.

2. $(\exists x)(x \otimes x \approx \mathbb{S}(\mathbb{S}(\mathbf{0})))$.

3. $(\forall x)(\exists y)(\forall z)[(\forall w)(w \, \varepsilon \, z \supset w \, \varepsilon \, x) \supset z \, \varepsilon \, y]$.

4. $(\forall x)(\forall y)(\forall z)[(x \oplus y \approx x \oplus z) \supset (y \approx z)]$.

Exercício 2.4.2 Sejam $L(\mathbf{R}, \mathbf{F}, \mathbf{C})$ linguagem e $\mathcal{M} = \langle \mathcal{D}, \mathcal{I} \rangle$ modelo para a linguagem. Sejam agora t_1, ..., t_n, u_1, ..., u_n termos fechados da linguagem tais que $t_1^{\mathcal{M}} = u_1^{\mathcal{M}}$, ..., $t_n^{\mathcal{M}} = u_n^{\mathcal{M}}$. Considere a fórmula $\varphi(x_1, \ldots, x_n)$ em L, em que x_1, ..., x_n são todas as variáveis que ocorrem livres, e sejam

$\varphi(t_1, \ldots, t_n)$ e $\varphi(u_1, \ldots, u_n)$ as fórmulas resultantes de substituir x_i por t_i e por u_i, respetivamente. Mostre que $\varphi(t_1, \ldots, t_n)$ é verdadeira em $\mathcal{M}$ se e só se $\varphi(u_1, \ldots, u_n)$ é verdadeira em $\mathcal{M}$.

2.5 Conjuntos e relações representáveis

As fórmulas de LA permitem-nos fazer asserções acerca de números, através do modelo padrão $\mathbb{N}$. De igual modo, as fórmulas de LS permitem-nos fazer asserções acerca de R_ω. E, embora estas linguagens possam parecer artificiais, vamos verificar que permitem fazer asserções que incluem muitas das coisas que um matemático tem necessidade de afirmar: que um certo número de ω é primo, ou que um determinado elemento de R_ω é uma sequência finita. De facto, dispomos mesmo de toda a maquinaria para *definir* a classe dos números primos, ou das sequências finitas de uma maneira mais ou menos direta. Muito embora as noções de conjunto definível ou relação definível tenham significado em qualquer linguagem e em qualquer estrutura para essa linguagem, torna-se conveniente caraterizar essas noções na presença de modelos canónicos, o que faremos de seguida.

Suponhamos que $\varphi(x)$ é fórmula numa linguagem de primeira ordem L na qual, no máximo, a variável x ocorre livre. Seja ainda $\mathcal{M}$ um modelo canónico para L. A fórmula fechada $\varphi(t)$ pode ser verdadeira em $\mathcal{M}$, para alguns termos fechados, e pode ser falsa para outros termos fechados. Uma vez que cada elemento do domínio de $\mathcal{M}$ é designado por algum termo fechado de L, então podemos considerar $\varphi(x)$ como determinando um subconjunto do domínio de $\mathcal{M}$, o subconjunto dos elementos para os quais $\varphi(x)$ é verdadeira. Pelo Exercício 2.4.2, o termo fechado que escolhemos para designar um certo elemento do domínio não é relevante, uma vez que termos diferentes que designem o mesmo elemento comportam-se da mesma forma no contexto de uma fórmula.

Definição 2.5.1 Seja $\mathcal{M} = \langle \mathcal{D}, \mathcal{I} \rangle$ modelo canónico para a linguagem L. Relativamente a $\mathcal{M}$, a fórmula $\varphi_1(x)$ de L *representa* o conjunto:

$$\{t^{\mathcal{M}} \mid t \text{ é termo fechado de } L \text{ e } \varphi_1(t) \text{ verdadeira em } \mathcal{M}\}.$$

De modo semelhante, a fórmula $\varphi_2(x, y)$ de L *representa* a relação binária:

$$\{\langle t^{\mathcal{M}}, u^{\mathcal{M}} \rangle \mid t, u \text{ são termos fechados de } L \text{ e } \varphi_2(t, u) \text{ é verdadeira em } \mathcal{M}\}.$$

As relações de outras aridades podem ser definidas de forma semelhante.

Um conjunto ou relação diz-se *representável* se existe alguma fórmula que o represente.

No futuro, e quando tal for claro do contexto, serão omitidas as referências à linguagem L e ao modelo $\mathcal{M}$, uma vez que apenas estamos interessados em estudar números e conjuntos hereditariamente finitos.

Exemplo

1. No contexto da aritmética, a fórmula: $\varphi(x) = (\exists y)(y \oplus \mathbb{S}(\mathbb{S}(\mathbf{0})) \approx x)$ representa o conjunto $\{2, 3, 4, \dots\}$.

2. Ainda no contexto da aritmética, a fórmula: $\varphi(x, y) = (\exists z)(x \oplus z \approx y)$ representa a relação de menor ou igual, isto é, $\{\langle m, n \rangle \mid m \leq n\}$.

3. No contexto da teoria de conjuntos, a fórmula $\varphi(x) = (\exists y)(y \, \varepsilon \, x)$ representa a coleção de conjuntos não vazios.

Os conjuntos R_ω e ω são contáveis e, como tal, têm ambos um número não contável de subconjuntos. Não é muito difícil demonstrar que existe apenas um número contável de fórmulas de LS e LA. Consequentemente, para cada estrutura, existem conjuntos que não são representáveis por uma fórmula. Coloca-se então a questão de saber quais são os conjuntos representáveis? Veremos à frente que há conjuntos que, surpreendentemente, são representáveis, mas há também conjuntos que, ainda mais surpreendentemente, não o são.

Exercícios

Exercício 2.5.1 Mostre, no contexto da aritmética, que o conjunto dos números primos é representável.

Exercício 2.5.2 Apresente, no contexto da teoria de conjuntos, uma fórmula que represente a coleção de conjuntos com pelo menos dois elementos.

Exercício 2.5.3 Apresente, no contexto da teoria de conjuntos, uma fórmula para representar a operação de conjunto das partes: y é a coleção de subconjuntos de x.

Capítulo 3

Representabilidade na teoria de conjuntos

3.1 Introdução

Um dos nossos objetivos é mostrar que certas relações e conjuntos são representáveis nas estruturas que estamos a considerar, $\mathbb{N}$ e $\mathbb{HF}$. Pretendemos também mostrar que as noções de representabilidade para estas duas estruturas estão intimamente ligadas. Com efeito, são virtualmente a mesma noção. Neste capítulo vamo-nos concentrar exclusivamente na noção de representabilidade em $\mathbb{HF}$. Vamos, em particular, mostrar que uma família muito rica de noções matemáticas vai ser representável. No próximo capítulo, concentrar-nos-emos em $\mathbb{N}$.

3.2 Quando é que uma fórmula se diz simples?

Pretendemos estudar conjuntos que sejam representáveis por fórmulas de primeira ordem. Por razões de ordem estética e técnica, uma fórmula simples é melhor do que uma fórmula mais complicada, o que pressupõe a existência de uma noção de simplicidade. Nesta secção, vamos estudar a noção de simplicidade — ou melhor, vamos estudar o necessário da noção de simplicidade para os nossos objetivos. Por enquanto, consideramos apenas o caso da teoria de conjuntos; conceitos semelhantes para a aritmética serão estudados no próximo capítulo.

Considerem-se as três fórmulas fechadas de LS seguintes, onde $\varphi(x)$ é uma fórmula para a qual podemos verificar se as suas instâncias são válidas:

1. $(\exists x)(x \,\varepsilon\, t \wedge \varphi(x))$;

2. $(\exists x)\varphi(x)$;

3. $(\forall x)\varphi(x)$.

A fórmula 1 é a mais simples no sentido em que afirma que há um valor para x que torna $\varphi(x)$ verdadeira, mas também indica onde procurar esse valor — há que procurá-lo em t. Para encontrar um elemento que torne $\varphi(x)$ verdadeira será necessário realizar uma pesquisa, mas essa pesquisa é limitada, tal como acontece num ciclo limitado por variável de contagem numa linguagem de programação.[1]

A fórmula 2 é menos simples. Também afirma que há um valor de x que torna $\varphi(x)$ verdadeira, mas não nos dá indicação nenhuma de onde procurar esse valor. De qualquer forma, se esse valor existir, será encontrado. Como existe uma quantidade contável de termos fechados de LS basta percorrê-los um a um. Assim, esta fórmula também envolve uma pesquisa, mas neste caso a pesquisa não é limitada. Se a fórmula $(\exists x)\varphi(x)$ for verdadeira então através de uma pesquisa pelos termos fechados poderemos confirmar este facto. Se, por outro lado, a fórmula não for verdadeira então a pesquisa nunca terminará. Esta pesquisa é análoga a um ciclo limitado por guarda booleana numa linguagem de programação.[2]

A fórmula 3 é a mais complexa das três. Para esta fórmula ser verdadeira, todo o termo fechado tem que tornar $\varphi(x)$ verdadeira e para verificar este cenário é necessário verificar um número infinito de factos. Não surpreende, por isso, que não exista uma construção análoga nas linguagens de programação.

Definição 3.2.1 Considerem-se as seguintes abreviaturas em LS:

1. $(\exists x \,\varepsilon\, t)\varphi(x)$ para $(\exists x)(x \,\varepsilon\, t \wedge \varphi(x))$;

2. $(\forall x \,\varepsilon\, t)\varphi(x)$ para $(\forall x)(x \,\varepsilon\, t \supset \varphi(x))$.

A estes quantificadores dá-se o nome de *quantificadores limitados* (da teoria de conjuntos).

Vamos tentar utilizar quantificadores limitados, sempre que possível, de modo a manter as fórmulas simples. Mas há que ter em atenção a utilização de termos fechados como nomes. Por um lado, facilita as demonstrações quando se está a demonstrar que um certo conjunto é representável mas, por outro lado, acrescenta mais um nível de dificuldade quando se estão a demonstrar propriedades acerca da família de fórmulas que representam conjuntos. No

---

[1]NdT: do inglês *counting loop*.
[2]NdT: do inglês *while loop*.

entanto, este problema pode ser evitado uma vez que se mostra que todo o conjunto representável é representável por uma fórmula sem símbolos de função nem símbolos de constante. Podemos agora começar a apresentar algumas definições.

Definição 3.2.2 Uma fórmula de LS sem símbolos de função nem símbolos de constante e cujos quantificadores sejam todos limitados diz-se uma Δ_0-*fórmula*. Um subconjunto de R_ω representado por uma Δ_0-fórmula diz-se um Δ_0-*conjunto*. As relações de aridade n definem-se de forma semelhante.

Tal como a discussão anterior sugere, um Δ_0-conjunto é um objeto construtivo no sentido em que podemos *decidir* se um elemento pertence ou não a esse conjunto, uma vez que a veracidade de uma Δ_0-fórmula pode ser determinada num número finito de passos.

As fórmulas com quantificadores existenciais não limitados surgem a seguir às Δ_0-fórmulas, no que respeita à simplicidade. Importa, no entanto, salientar que a presença de um quantificador existencial não limitado não significa que esse quantificador se comporte de forma existencial. Considere-se, por exemplo, a fórmula $\neg(\exists x)\neg\varphi(x)$. Esta fórmula comporta-se como a fórmula $(\forall x)\varphi(x)$ — de acordo com o que foi discutido acima, esta é uma fórmula de tipo 3 e não uma fórmula de tipo 2. Um quantificador existencial no âmbito de um símbolo de negação comporta-se como um quantificador universal. Isto significa que há também problemas com a interação entre quantificadores e a implicação. Vamos agora considerar fórmulas para quais os quantificadores se comportam sempre de forma existencial e nunca de forma universal. Como é evidente, não vamos estar preocupados com os quantificadores limitados, uma vez que estes são construtivos. Ou seja, vamos querer considerar apenas formulas com quantificadores que sejam ou limitados ou não limitados mas que, neste caso, se comportem de forma existencial. A estas fórmulas dá-se o nome Σ-fórmulas.

Definição 3.2.3 A classe das Σ-*fórmulas* de LS é definida como se segue:

1. Cada Δ_0-fórmula é uma Σ-fórmula;

2. Se A e B são Σ-fórmulas então $A \wedge B$ e $A \vee B$ também são Σ-fórmulas;

3. Se A é uma Σ-fórmula então $(\forall x \, \varepsilon \, y)A$, $(\exists x \, \varepsilon \, y)A$, e $(\exists x)A$ também são Σ-fórmulas, onde x e y são variáveis.

Um conjunto representado por uma Σ-fórmula diz-se um Σ-*conjunto*. As relações de aridade n definem-se de forma semelhante.

Vamos agora ilustrar estes conceitos. Para tal, apresentam-se alguns exemplos de conjuntos e relações que são Δ_0. Serão, posteriormente, apresentados exemplos de Σ-conjuntos que não são Δ_0-conjuntos. Segue-se uma lista de Δ_0-fórmulas que representam alguns conjuntos e relações importantes e que vão ser úteis no futuro. Ao mostrar que estas fórmulas são Δ_0 podemos imediatamente concluir que os conjuntos e relações que estas representam também são Δ_0. Cada uma destas fórmulas vai ser designada por uma abreviatura para referência futura.

Notação A convenção seguinte vai ser utilizada ao longo do texto. Tal como se disse atrás, não foi incluído na linguagem LS nenhum símbolo de igualdade. De qualquer forma, vamos mostrar que a relação de igualdade é representável. Aliás, vamos mostrar que é uma Δ_0-relação. Sempre que for necessário utilizar a relação de igualdade, podemos utilizar a relação que a representa, o que significa que é como se esta fizesse parte da linguagem primitiva. Para facilitar a leitura, é importante ter uma abreviatura simples que represente a relação de igualdade. No entanto, vamos evitar $x \approx y$, uma vez que pode tornar difícil a distinção entre os símbolos primitivos e os símbolos que vão sendo acrescentados à linguagem. Por isso, vamos utilizar a notação x igual a y, que será generalizada a outras fórmulas, de modo a tornar a compreensão das fórmulas mais simples.

S-1. A relação de subconjunto é representada pela Δ_0-fórmula (x subconj y):

$$(\forall z \,\varepsilon\, x)(z \,\varepsilon\, y).$$

S-2. A relação de igualdade é representada pela Δ_0-fórmula (x igual a y):

$$(x \text{ subconj } y) \wedge (y \text{ subconj } x).$$

S-3. O conjunto vazio é representado pela Δ_0-fórmula (x é $\varnothing$):

$$(\forall y \,\varepsilon\, x)\neg(y \,\varepsilon\, x).$$

S-4. A relação $\{\langle x, y, z \rangle \mid x = \mathcal{A}(y, z)\}$ é representada pela Δ_0-fórmula (x é $\mathbb{A}(y, z)$):

$$(y \text{ subconj } x) \wedge (z \,\varepsilon\, x) \wedge (\forall w \,\varepsilon\, x)(w \,\varepsilon\, y \vee w \text{ igual a } z).$$

Exercícios

Exercício 3.2.1 Mostre que toda a Δ_0-fórmula é equivalente, do ponto de vista lógico, a uma Δ_0-fórmula sem símbolos de implicação e com todos os símbolos de negação aplicados a nível atómico — isto é, a uma fórmula construída a partir de $(x \,\varepsilon\, y)$ e $\neg(x \,\varepsilon\, y)$, usando os conectivos $\wedge$ e $\vee$ e os quantificadores limitados.

3.3 Fórmulas como módulos de programa

Quando pretendemos mostrar que uma relação é Δ_0 ou Σ escrevemos uma fórmula do tipo correspondente que a represente. O desenvolvimento dessas fórmulas assemelha-se em tudo ao desenvolvimento de um programa numa linguagem de programação. Aliás, se compararmos estas duas atividades com um certo distanciamento, podemos concluir que são muito semelhantes, algo que será mais aprofundado no Capítulo 6. No entanto, escrever fórmulas é como programar numa linguagem de programação de baixo nível — em particular, não existem as noções de módulo ou de procedimento. Vamos ilustrar em seguida os problemas que podem surgir, recorrendo a uma Δ_0-fórmula da secção anterior.

O conjunto vazio é Δ_0 e $(\forall y \, \varepsilon \, x)\neg(y \, \varepsilon \, x)$ é uma fórmula que o representa. Até definimos uma abreviatura para ela: $(x \text{ é } \varnothing)$. Esta fórmula pode ser encarada como uma subrotina, isto é, quando estamos a escrever outras fórmulas e temos necessidade de afirmar que algo é o conjunto vazio podemos fazê-lo invocando esta fórmula. Mas se não tivermos cuidado, podem surgir alguns problemas. Suponhamos que pretendemos escrever uma fórmula $\varphi(x)$ que represente $\{\{\emptyset\}\}$, isto é, $\varphi(x)$ deverá representar a coleção cujo único elemento é $\{\emptyset\}$. Uma possibilidade é afirmar que x tem como elemento o conjunto vazio, e que todo o elemento de x é o conjunto vazio. Usando a representação anterior para conjunto vazio, obtemos a fórmula seguinte:

$$\varphi(x) = (\exists y \, \varepsilon \, x)(y \text{ é } \varnothing) \wedge (\forall y \, \varepsilon \, x)(y \text{ é } \varnothing).$$

O significado desta fórmula não parece demasiado complicado. Mas, se substituirmos as ocorrências de x na definição S-3 de $(x \text{ é } \varnothing)$ por ocorrências de y para escrever $(y \text{ é } \varnothing)$ e substituirmos todas as abreviaturas pelas definições correspondentes, obtemos a fórmula seguinte, que se revela quase ilegível:

$$\varphi(x) = (\exists y \, \varepsilon \, x)(\forall y \, \varepsilon \, y)\neg(y \, \varepsilon \, y) \wedge (\forall y \, \varepsilon \, x)(\forall y \, \varepsilon \, y)\neg(y \, \varepsilon \, y).$$

Como é óbvio, há um claro conflito de variáveis. A variável livre x em $(x \text{ é } \varnothing)$ é para ser entendida como um parâmetro num procedimento, enquanto a variável y que surge no quantificador limitado da definição de $(x \text{ é } \varnothing)$ é para ser entendida como uma variável local. Nas linguagens de programação de alto nível, estas variáveis são renomeadas de modo a evitar conflitos entre procedimentos. Infelizmente, em lógica de primeira ordem, não dispomos de mecanismos para fazer isto de forma automática, pelo que teremos que ser nós a fazê-lo.

De agora em diante, quando utilizarmos uma fórmula A, especificada previamente como parte de uma fórmula B, vamos assumir que todas as variáveis mudas de A são substituídas por variáveis novas que não surjam em B fora de A. Por exemplo, antes de utilizar a fórmula $(x \text{ é } \varnothing)$ para escrever $\varphi(x)$, começamos por substituir a variável muda y por uma nova variável z, que não ocorra em $\varphi(x)$ fora de $(x \text{ é } \varnothing)$. Após proceder a esta alteração, a definição não abreviada de $\varphi(x)$ é a fórmula seguinte, que deixou de ter problemas:

$$\varphi(x) = (\exists y \, \varepsilon \, x)(\forall z \, \varepsilon \, y)\neg(z \, \varepsilon \, y) \wedge (\forall y \, \varepsilon \, x)(\forall z \, \varepsilon \, y)\neg(z \, \varepsilon \, y).$$

Vamos assumir que esta substituição de variáveis mudas é feita de forma automática e não vamos voltar a referi-la. Como consequência, podemos usar definições anteriores na construção de novas fórmulas, assumindo que as definições anteriores se comportam como módulos ou construções primitivas da linguagem.

3.4   Eliminação de termos

As definições de Δ_0-fórmula e de Σ-fórmula não permitem a utilização nem de símbolos de constante nem de símbolos de função. Nesta secção, esboçamos uma demonstração de que esta restrição não é limitativa: quer os símbolos de constante e símbolos de função sejam ou não permitidos, obtemos exatamente os mesmos Σ-conjuntos.

Recorde-se que $\varnothing$ é o único símbolo de constante em LS e que $\mathbb{A}$ é o único símbolo de função. Já mostrámos anteriormente que existem Δ_0-fórmulas que representam o que estes símbolos são suposto representar: as fórmulas $(x \text{ é } \varnothing)$ e $(x \text{ é } \mathbb{A}(y,z))$. A ideia da demonstração é substituir qualquer utilização de $\varnothing$ e de $\mathbb{A}$ pelas Δ_0-fórmulas correspondentes. A complexidade associada a este processo surge do facto de um termo poder ter encaixados outros termos, que por sua vez poderão ter outros termos, e assim sucessivamente. Por isso, é necessário 'desencaixar' os termos.

Seja $\varphi(x)$ fórmula de LS que verifica as condições da Definição 3.2.3 para ser Σ-fórmula mas que pode, eventualmente, conter um símbolo de constante ou um símbolo de função. Esta fórmula vai ser convertida numa Σ-fórmula através da sequência de passos que a seguir se descreve.

Começamos por eliminar todas as ocorrências do símbolo $\varnothing$, o que é fácil de conseguir. Escolha-se uma variável v que não ocorra (nem livre nem muda) em $\varphi(x)$. Em seguida, substitua-se cada ocorrência do símbolo $\varnothing$ em $\varphi(x)$ por uma ocorrência de v. Chame-se $\varphi_0(x)$ à fórmula resultante. Seja agora $\varphi_1(x)$ a fórmula $(\exists v)[(v \text{ é } \varnothing) \wedge \varphi_0(x)]$. Esta construção introduz um quantificador não limitado logo, se tivermos partido de uma Δ_0-fórmula a partir deste ponto deixamos de ter uma dessas fórmulas. Mas, esta fórmula é ainda uma Σ-fórmula (com exceção de eventuais ocorrências de $\mathbb{A}$). Não é difícil concluir que $\varphi_1(x)$ e $\varphi(x)$ representam o mesmo conjunto.

Suponhamos agora que o símbolo $\mathbb{A}$ ocorre em $\varphi_1(x)$. Existe, com certeza, uma ocorrência mais interior desse símbolo, que será da forma $\mathbb{A}(y,z)$, em que y e z são variáveis. Escolha-se uma dessas ocorrências, que ocorrerá numa subfórmula atómica F. Seja agora w uma variável que não ocorra em $\varphi_1(x)$. Comece-se por substituir a ocorrência de $\mathbb{A}(y,z)$ escolhida por uma ocorrência de w; esta substituição transforma a subfórmula atómica F em F'. Em seguida, substituam-se todas as ocorrências da subfórmula F' em $\varphi_1(x)$ por $(\exists w)\,[(w\ \text{é}\ \mathbb{A}(y,z)) \wedge F']$ e chame-se a esta fórmula $\varphi_2(x)$. Novamente, não é difícil concluir que $\varphi_2(x)$ e $\varphi_1(x)$ representam o mesmo conjunto e que $\varphi_2(x)$ tem menos uma ocorrência de um símbolo de função.

Continuando este processo, definimos fórmulas $\varphi_3(x)$, $\varphi_4(x)$ e assim sucessivamente até chegarmos a uma fórmula que já não contém símbolos de função. Esta é uma Σ-fórmula e representa o mesmo conjunto que $\varphi(x)$.

Execícios

Exercício 3.4.1 Mostre que o conjunto $\{2\}$ é um Σ-conjunto, como a seguir se descreve.

1. Escreva um termo t de LS tal que $t^{\mathbb{HF}} = 2$.

2. A fórmula $(x\ \text{igual a}\ t)$ representa o conjunto $\{2\}$; aplique o algoritmo descrito acima para converter esta fórmula numa Σ-fórmula.

3. Será que se consegue mostrar que $\{2\}$ é, de facto, Δ_0?

Exercício 3.4.2 Mostre que, para cada $s \in R_\omega$, o conjunto $\{s\}$ é um Δ_0-conjunto. Sugestão: utilize uma demonstração por indução na cota de s.

3.5 Alguns Δ_0-conjuntos adicionais

Nesta secção vamos mostrar que algumas noções matemáticas básicas, como por exemplo ser par ordenado ou ser função, são Δ_0 em $\mathbb{HF}$. Recorde-se que os elementos de R_ω são finitos. Consequentemente, a noção de função a que nos referimos é a noção de função finita, como é evidente, mas tal é suficiente para os nossos objetivos. Vamos continuar a lista de noções Δ_0, que iniciámos na Secção 3.2, mas com uma terminologia simplificada. Por exemplo, enquanto anteriormente falávamos da relação $\{\langle x, y, z\rangle \mid x = \mathcal{A}(y,z)\}$ agora vamos passar a falar da relação $x = \mathcal{A}(y,z)$. Esta simplificação aplica-se também a outras relações.

S-5. A relação $x = \{y, z\}$ é representada pela Δ_0-fórmula $(x\ \text{é}\ \{y,z\})$:

$$(y\,\varepsilon\,x) \wedge (z\,\varepsilon\,x) \wedge (\forall v\,\varepsilon\,x)((v\ \text{igual a}\ y) \vee (v\ \text{igual a}\ z)).$$

S-6. A relação $x = \{y\}$ é representada pela Δ_0-fórmula (x é $\{y\}$):

$$(x \text{ é } \{y, y\}).$$

S-7. A relação $x = \langle y, z \rangle$ é representada pela Δ_0-fórmula (x é $\langle y, z \rangle$):

$$(\exists v \, \varepsilon \, x)(v \text{ é } \{y\}) \wedge (\exists v \, \varepsilon \, x)(v \text{ é } \{y, z\}) \wedge$$
$$(\forall v \, \varepsilon \, x)((v \text{ é } \{y\}) \vee (v \text{ é } \{y, z\})).$$

Não é difícil mostrar que o conjunto de pares ordenados é um Σ-conjunto. É, em particular, representado pela Σ-fórmula: $(\exists v)(\exists w)(x \text{ é } \langle v, w \rangle)$. No entanto, é possível melhorar este resultado e mostrar que este conjunto é Δ_0.

S-8. O subconjunto de R_ω composto pelos pares ordenados é representado pela Δ_0-fórmula ParOrd(x):

$$(\exists u \, \varepsilon \, x)(\exists v \, \varepsilon \, u)(\exists w \, \varepsilon \, u)(x \text{ é } \langle v, w \rangle).$$

O diagrama seguinte facilita a compreensão da fórmula anterior. Recorde-se que o par $\langle v, w \rangle$ é o conjunto $\{\{v\}, \{v, w\}\}$.

$$\underbrace{\{\{v\}, \underbrace{\{v, w\}}_{u}\}}_{x}$$

S-9. A relação: x é par ordenado cuja primeira componente é y, é representado pela Δ_0-fórmula (x é $\langle y, \_ \rangle$), cuja apresentação se deixa como exercício; cf. Exercício 3.5.2.

S-10. A relação: x é par ordenado cuja segunda componente é y, é representado pela Δ_0-fórmula (x é $\langle \_, y \rangle$); cf. Exercício 3.5.2.

S-11. O conjunto $\{x \in R_\omega \mid x \text{ é relação binária}\}$ é um Δ_0-conjunto, representado pela fórmula Relação(x), cuja apresentação se deixa como exercício; cf. Exercício 3.5.3.

Notação De forma a facilitar a leitura, vamos utilizar

$$(\forall \langle x, y \rangle \, \varepsilon \, z) \varphi(x, y)$$

como abreviatura de

$$(\forall v \, \varepsilon \, z)(\forall w \, \varepsilon \, v)(\forall x \, \varepsilon \, w)(\forall y \, \varepsilon \, w) \left[(v \text{ é } \langle x, y \rangle) \supset \varphi(x, y) \right].$$

O leitor deve tentar convencer-se de que as duas fórmulas têm o mesmo significado. Note-se ainda que se φ é uma Δ_0-fórmula então $(\forall\langle x,y\rangle \, \varepsilon \, z)\varphi(x,y)$ também é uma Δ_0-fórmula; o mesmo acontece com as Σ-fórmulas. Vamos ainda utilizar

$$(\exists\langle x,y\rangle \, \varepsilon \, z)\varphi(x,y)$$

como abreviatura de

$$(\exists v \, \varepsilon \, z)(\exists w \, \varepsilon \, v)(\exists x \, \varepsilon \, w)(\exists y \, \varepsilon \, w)\left[(v \text{ é } \langle x,y\rangle) \wedge \varphi(x,y)\right].$$

Terminamos esta secção com algumas noções Δ_0 adicionais.

S-12. O conjunto $\{x \in R_\omega \mid x \text{ é função}\}$ é representado pela Δ_0-fórmula Função(x):

Relação$(x) \wedge (\forall\langle y,z\rangle \, \varepsilon \, x)(\forall\langle y',z'\rangle \, \varepsilon \, x)[(y \text{ igual a } y') \supset (z \text{ igual a } z')]$.

S-13. A relação: x é o domínio da função y, é Δ_0 e é representada pela Δ_0-fórmula $(x \text{ é Domínio } y)$. De igual modo, a relação: x é a imagem da função y, é representada pela Δ_0-fórmula $(x \text{ é Imagem } y)$; cf. Exercício 3.5.4.

Exercícios

Exercício 3.5.1

1. Mostre que um conjunto representado por uma fórmula com duas variáveis livres, por exemplo $\{\langle x,y\rangle \in R_\omega \mid \varphi(x,y)\}$, é também representável por uma fórmula com apenas uma variável livre.

2. Se $\varphi(x,y)$, na alínea 1, for Σ-fórmula poderá a fórmula com apenas uma variável livre também ser Σ? E Δ_0?

Exercício 3.5.2 Apresente uma Δ_0-fórmula que represente a relação: x é par ordenado cuja primeira componente é y. Apresente também uma Δ_0-fórmula que represente a relação: x é par ordenado cuja segunda componente é y.

Exercício 3.5.3 Mostre que $\{x \in R_\omega \mid x \text{ é relação binária}\}$ é Δ_0.

Exercício 3.5.4 Mostre que a relação seguinte é Δ_0: x é o domínio da função y. Mostre que a relação seguinte é Δ_0: x é a imagem da função y.

Exercício 3.5.5 Mostre que $(\forall\langle x,y\rangle \, \varepsilon \, z)\varphi(x,y)$ e $(\exists\langle x,y\rangle \, \varepsilon \, z)\varphi(x,y)$ são duais uma da outra, isto é, mostre que $(\forall\langle x,y\rangle \, \varepsilon \, z)\varphi(x,y)$ e $\neg(\exists\langle x,y\rangle \, \varepsilon \, z)\neg\varphi(x,y)$ são equivalentes (em $\mathbb{HF}$, para cada par de termos fechados t e u, quando substituídos em x e y).

3.6   Teorema da forma normal

Kleene demonstrou um teorema em que afirmava que toda a função computável podia ser representada de uma certa forma simples e uniforme. Este teorema ficou conhecido como o *teorema da forma normal de Kleene*. Vamos apresentar um resultado acerca de Σ-conjuntos e Σ-fórmulas que está relacionado, embora não totalmente, com o teorema de Kleene. A relação deste resultado com a formulação de Kleene vai ter que aguardar até à Secção 6.1, o teorema propriamente dito apenas será apresentado na Secção 6.4.

Definição 3.6.1 Em teoria de conjuntos, uma fórmula diz-se Σ_1 se é da forma $(\exists x)\varphi$, onde φ é uma Δ_0-fórmula.

Assim, uma Σ_1-fórmula é um tipo muito particular de Σ-fórmula, que contém apenas um quantificador existencial não limitado, que ocorre no nível mais exterior da fórmula.

Teorema 3.6.2 (Teorema da forma normal) *Toda a Σ-relação em $\mathbb{HF}$ é representável por alguma Σ_1-fórmula.*

Demonstração A demonstração estende-se até ao fim da secção e vamos apresentá-la de modo relativamente informal. A ideia principal é a de que qualquer Σ-fórmula pode ser convertida numa Σ_1-fórmula de modo a que o seu 'significado' na estrutura $\mathbb{HF}$ seja preservado. Começamos por escolher a nossa Σ-fórmula preferida, F. O primeiro passo neste processo de conversão de F consiste em deslocar todos os quantificadores existenciais não limitados para o nível mais exterior. Dizemos que um quantificador está no nível mais exterior quando não ocorre no âmbito de uma conjunção, disjunção ou no âmbito de um quantificador limitado (existencial ou universal), ou seja, pode surgir apenas no âmbito de outros quantificadores existenciais não limitados. Escolha-se um quantificador existencial de F que não ocorra no nível mais exterior. Vamos deslocar este quantificador para o nível mais exterior, através de uma sequência de pequenos passos, todos eles, à exceção de um, muito simples. Analisamos apenas um desses passos em detalhe e esquematizamos os outros.

Suponha-se que $(\exists x)$ ocorre em F como parte de uma conjunção, por exemplo, $A \wedge (\exists x)B$. Se x ocorrer livre em A podemos introduzir uma nova variável x', e utilizá-la no lugar de x na fórmula $(\exists x)B$, de forma a que esta mantenha o mesmo significado. Assim, sem perda de generalidade, podemos assumir que, para $A \wedge (\exists x)B$, x não ocorre livre em A. Então, basta substituir $A \wedge (\exists x)B$ por $(\exists x)(A \wedge B)$ em F, o que é justificado pelo facto de, se x não ocorrer livre em A, então a fórmula

$$(A \wedge (\exists x)B) \equiv (\exists x)(A \wedge B)$$

ser uma fórmula válida da lógica primeira ordem. Outras transformações semelhantes são justificadas pelas seguintes fórmulas válidas.

$$\begin{array}{lll}
((\exists x)B \wedge A) & \equiv & (\exists x)(B \wedge A) \quad x \text{ não ocorre livre em } A \\
(A \vee (\exists x)B) & \equiv & (\exists x)(A \vee B) \quad x \text{ não ocorre livre em } A \\
((\exists x)B \vee A) & \equiv & (\exists x)(B \vee A) \quad x \text{ não ocorre livre em } A \\
(\exists y \,\varepsilon\, t)(\exists x)A & \equiv & (\exists x)(\exists y \,\varepsilon\, t)A \quad x \neq y \text{ e } x \text{ não ocorre em } t
\end{array}$$

O único caso que falta considerar é quando o quantificador existencial ocorre no âmbito de um quantificador universal limitado, $(\forall y \,\varepsilon\, t)(\exists x)A$. Neste caso, a conversão não é imediata porque esta fórmula não é, em geral, equivalente a $(\exists x)(\forall y \,\varepsilon\, t)A$ em lógica de primeira ordem. É necessário recorrer a propriedades específicas da estrutura dos conjuntos hereditariamente finitos.

Suponha-se que $(\forall y \,\varepsilon\, t)(\exists x)A$ é uma fórmula fechada e que $x \neq y$. Adicionalmente, suponha-se também que a fórmula é verdadeira em $\mathbb{HF}$. Então, para cada $y \in t^{\mathbb{HF}}$, existe pelo menos um x que torna a fórmula A verdadeira. Escolha-se arbitrariamente um valor de x para cada $y \in t^{\mathbb{HF}}$. A coleção dos valores escolhidos para x é uma coleção de dimensão igual, ou menor, do que a dimensão do conjunto $t^{\mathbb{HF}}$; logo, é uma coleção finita de conjuntos hereditariamente finitos e, como tal, é também ela um conjunto hereditariamente finito, que designamos por s. Então, a fórmula fechada $(\forall y \,\varepsilon\, t)(\exists x \,\varepsilon\, s)A$ também tem que ser verdadeira. Ao fazermos isto, introduzimos um termo adicional, s, que pode ser 'eliminado por quantificação'. Isto é, demonstra-se, em lógica de primeira ordem que, sendo z uma variável nova, a fórmula

$$(\forall y \,\varepsilon\, t)(\exists x \,\varepsilon\, s)A \supset (\exists z)(\forall y \,\varepsilon\, t)(\exists x \,\varepsilon\, z)A$$

é válida. Juntando as peças todas, obtemos o seguinte resultado: se a fórmula $(\forall y \,\varepsilon\, t)(\exists x)A$ for verdadeira em $\mathbb{HF}$ então a fórmula $(\exists z)(\forall y \,\varepsilon\, t)(\exists x \,\varepsilon\, z)A$ também é verdadeira em $\mathbb{HF}$.

Deixa-se como exercício mostrar que se $(\exists z)(\forall y \,\varepsilon\, t)(\exists x \,\varepsilon\, z)A$ é verdadeira em $\mathbb{HF}$ então $(\forall y \,\varepsilon\, t)(\exists x)A$ também é verdadeira em $\mathbb{HF}$. Consequentemente,

$$(\forall y \,\varepsilon\, t)(\exists x)A \quad \equiv \quad (\exists z)(\forall y \,\varepsilon\, t)(\exists x \,\varepsilon\, z)A \quad x \neq y \text{ e } z \text{ nova}$$

é verdadeira em $\mathbb{HF}$ embora não seja, em geral, válida.

Dispomos agora de uma técnica para deslocar um quantificador existencial para trás de um quantificador universal limitado: $(\exists z)(\forall y \,\varepsilon\, w)(\exists x \,\varepsilon\, z)A$ substitui $(\forall y \,\varepsilon\, w)(\exists x)A$.

A demonstração está quase terminada. A partir da Σ-fórmula F e através dos passos descritos acima, todos os quantificadores existenciais não limitados podem ser deslocados para o nível mais exterior. Assim, convertemos a fórmula F na fórmula

$$(\exists x_1)(\exists x_2) \cdots (\exists x_n)G$$

em que G é Δ_0. Só falta agora colapsar todos os quantificadores existenciais num único quantificador existencial, o que pode ser feito usando pares ordenados. De forma a manter a notação simples, vamos ilustrar esta construção para o caso de dois quantificadores existenciais não limitados. Suponha-se que temos a fórmula

$$(\exists x_1)(\exists x_2)G.$$

Neste caso, basta substituí-la pela fórmula

$$(\exists x_3)(\exists w \, \varepsilon \, x_3)(\exists x_1 \, \varepsilon \, w)(\exists x_2 \, \varepsilon \, w)[x_3 \text{ é } \langle x_1, x_2 \rangle \wedge G].$$

Se existirem mais do que dois quantificadores existenciais não limitados, basta colapsá-los dois a dois, usando a técnica agora descrita, começando da direita para a esquerda.

Terminamos assim o processo que nos permite converter, em $\mathbb{HF}$, uma Σ-fórmula numa Σ_1-fórmula e, consequentemente, terminamos também a demonstração do teorema da forma normal. ∎

3.7 Números são Δ_0

O conjunto dos números, ω, é um subconjunto de R_ω. Esta secção destina-se a mostrar que este conjunto é Δ_0 na estrutura $\mathbb{HF}$. Uma vez demonstrado, este resultado irá permitir obter outros resultados úteis.

Uma vez que ω é uma coleção de conjuntos hereditariamente finitos, os objetos a que chamamos números têm uma estrutura de teoria de conjuntos que é alheia ao papel destes na aritmética. Esta estrutura pode ser utilizada para definir uma caracterização muito simples, embora não completamente intuitiva, de ω, caracterização essa que vai permitir definir Δ_0-fórmulas representantes de uma forma mais ou menos imediata. A caracterização aqui adotada foi proposta por Gödel. Vamos demonstrar, informalmente, que esta caracteriza de facto o conjunto dos números. A demonstração é informal porque vamos assumir como demonstrados alguns factos básicos acerca de ω. Os argumentos formais podem ser encontrados em muitos livros de teoria de conjuntos.

Definição 3.7.1 Um conjunto x diz-se *transitivo* se as seguintes condições equivalentes se verificam:

1. $y \in x$ implica $y \subseteq x$;

2. $y \in x$, $z \in y$ implica $z \in x$.

Vamos agora mostrar que os números são conjuntos transitivos de conjuntos transitivos. Recorde-se, da Definição 1.3.6, que $0 = \emptyset$ e $x^+ = x \cup \{x\}$.

Facto 1 Todo o número é transitivo.

Demonstração informal A demonstração realiza-se por indução. Observe-se que 0, isto é, $\emptyset$, é trivialmente transitivo.

Suponha-se agora que n é transitivo e que $x \in n^+$. Vamos mostrar que $x \subseteq n^+$. Dado que $x \in n^+ = n \cup \{n\}$ então, ou $x \in n$ ou $x = n$. E, uma vez que n é transitivo, então, se $x \in n$ tem-se que $x \subseteq n$. Em qualquer dos casos, tem-se $x \subseteq n$. E como $n \subseteq n^+$, o resultado segue naturalmente. ∎

Facto 2 Todo o número é um conjunto transitivo de conjuntos transitivos.

Demonstração informal Um número é o conjunto formado pelos números menores do que ele. ∎

Facto 3 Se $x \in R_\omega$ é conjunto transitivo de números então x é número.

Demonstração informal Suponha-se que $x \in R_\omega$ é conjunto transitivo de números. Como x é hereditariamente finito então x é finito. Logo, existem números que não pertencem a x. Seja n o menor desses números, isto é, n é o menor número tal que $n \notin x$. Vamos mostrar que $x = n$ e que, consequentemente, x é número.

Seja $k \in n$. Então, k é um número menor que n o que implica, por definição de n, que $k \in x$. E, portanto, $n \subseteq x$.

Suponha-se agora que $x \not\subseteq n$ e escolha-se k tal que $k \in x$ mas $k \notin n$. Como $k \notin n$ então, ou $k = n$ ou $n \in k$, pelo princípio da tricotomia. O primeiro caso está, à partida, excluído uma vez que nesse caso teríamos $n \in x$, contrariando a definição de n. No segundo caso, se $n \in k$ então, uma vez que $k \in x$ e que x é transitivo, tem-se que $n \in x$, o que é impossível. Podemos, então, concluir que $x \subseteq n$, o que implica que $x = n$. ∎

Facto 4 Se $x \in R_\omega$ é conjunto transitivo de conjuntos transitivos então x é número.

Demonstração informal Suponha-se que $x \in R_\omega$ é conjunto transitivo de conjuntos transitivos. Pelo Facto 3, basta mostrar que todo o *elemento* de x é um número.

Suponha-se que há elementos de x que não são números. Desses elementos, terá que existir um com *menor cota*, o qual denotamos por c. Assim, c é elemento de x, c não é número, e todo o elemento de x cuja cota seja menor do que a cota de c é número. Vamos em seguida mostrar que a existência de tal elemento conduz a uma contradição, podendo assim concluir que x é constituído exclusivamente por números.

Como $c \in x$ e x é transitivo então $c \subseteq x$. Logo, os elementos de c são também elementos de x. Adicionalmente, a cota dos elementos de c é menor do que a cota de c. Então, por definição de c, os seus elementos têm que ser números. Como c é elemento de x então tem que ser um conjunto transitivo. Logo, c é conjunto transitivo de números e, pelo Facto 3, chegamos a uma contradição. ∎

Facto principal Dado $x \in R_\omega$, x é número se e só se x é conjunto transitivo de conjuntos transitivos.

A partir desta caracterização de ω, é imediato obter uma sua representação através de uma Δ_0-fórmula.

S-14. O facto de um conjunto ser transitivo é representado pela Δ_0-fórmula Transitivo(x):

$$(\forall y\,\varepsilon\,x)(\forall z\,\varepsilon\,y)(z\,\varepsilon\,x).$$

S-15. ω é representado pela Δ_0-fórmula Número(x):

$$\text{Transitivo}(x) \wedge (\forall y\,\varepsilon\,x)\text{Transitivo}(y).$$

S-16. A operação de sucessor nos números, $y = x^+ = x \cup \{x\}$, é representada pela Δ_0-fórmula (y é x^+):

$$y \text{ é } \mathbb{A}(x, x).$$

Exercícios

Exercício 3.7.1 Mostre que as duas partes da Definição 3.7.1 são equivalentes.

Exercício 3.7.2 Seja $x \in R_\omega$. Diz-se que x está $\in$-*ordenado* se, para quaisquer $u, v \in x$: $u \in v$ ou $u = v$ ou $v \in u$.

1. Mostre que não se podem verificar simultaneamente duas das seguintes condições $u \in v$, $u = v$, ou $v \in u$. Sugestão: recorra à noção de cota.

2. Mostre que se $s \in R_\omega$ é transitivo e está $\in$-ordenado então s é um elemento de ω. (O reciproco é óbvio.) Sugestão: para $s \neq \emptyset$, seja n o maior número em s. Mostre que $n^+ \subseteq s$. Para $n^+ \neq s$, seja x um elemento de $s - n^+$ de menor cota. Encontre uma contradição.

3. Usando o resultado anterior, apresente uma caracterização alternativa para ω que seja Δ_0.

3.8 Sequências finitas e aritmética

Mostrámos, na Secção 3.5, que ser função (finita) era Δ_0. Também mostrámos, na Secção 3.7, que o conjunto dos números era Δ_0. Uma combinação simples destes dois factos permite-nos caracterizar as sequências finitas. E, uma vez caracterizadas as sequências finitas, operações como a adição e multiplicação de números surgem também de forma natural. No entanto, neste caso, as definições tendem a ser Σ e não Δ_0.

S-17. A relação: x é sequência finita de comprimento y, é representada pela Δ_0-fórmula (Sequência x Com Domínio y):

$$\text{Função}(x) \wedge \text{Número}(y) \wedge (y \text{ é Domínio } x).$$

S-18. O conjunto das sequências finitas é Σ e é representado pela fórmula Sequência(x):

$$(\exists y)(\text{Sequência } x \text{ Com Domínio } y).$$

S-19. A relação: x é sequência finita, y pertence ao domínio de x, e o y-ésimo termo de x é z, é Σ e é representada pela fórmula (z é x_y):

$$\text{Sequência}(x) \wedge (\exists w \, \varepsilon \, x)(w \text{ é } \langle y, z \rangle).$$

Notação Apresentamos de seguida algumas abreviaturas que tornam a leitura das fórmulas mais fácil. Se $\varphi(x)$ for fórmula e s for sequência finita, vamos escrever $\varphi(s_n)$, em que vamos utilizar s_n como se se tratasse de um termo de *LS*. Formalmente, $\varphi(s_n)$ é abreviatura da fórmula $(\exists x)[(x \text{ é } s_n) \wedge \varphi(x)]$. Isto faz com que $\varphi(s_n)$ seja Σ-fórmula sempre que $\varphi(x)$ o for. Por exemplo, a fórmula $(x \text{ é } t_j)$ foi definida, enquanto a fórmula $(s_i \text{ é } t_j)$ não foi. Mas, usando a convenção agora introduzida, esta é abreviatura de $(\exists x)[(x \text{ é } s_i) \wedge (x \text{ é } t_j)]$. Esta convenção pode ser usada em ocorrências múltiplas em expressões, bastando eliminar uma ocorrência de cada vez.

A partir de agora, que dispomos de sequências finitas, é fácil mostrar que a adição é representável. Por exemplo, $8+3$ é o último termo da sequência $8+0$, $8+1$, $8+2$, $8+3$, e esta sequência é simples de descrever. O seu domínio é $4 = 3^+$, o seu 0-ésimo elemento é 8, e cada termo a seguir ao inicial é o sucessor do termo anterior.

S-20. A relação: x, y, z são números e $z = x+y$, é representada pela Σ-fórmula (z é $x + y$):

$$\begin{aligned}
&\text{Número}(x) \wedge \text{Número}(y) \wedge \text{Número}(z) \wedge \\
&(\exists w)\{(w \text{ é } y^+) \wedge \\
&\quad (\exists s)[(\text{Sequência } s \text{ Com Domínio } w) \wedge (x \text{ é } s_0) \wedge \\
&\qquad (\forall n \, \varepsilon \, w)(\forall k \, \varepsilon \, w)[(n \text{ é } k^+) \supset (s_n \text{ é } (s_k)^+)] \\
&\qquad (z \text{ é } s_y)]\}.
\end{aligned}$$

A multiplicação também é fácil de representar a partir da adição. Por exemplo, 8×3 é o último termo da sequência 8×0, 8×1, 8×2, 8×3. Novamente, esta sequência é fácil de descrever: começa em 0 e cada termo a seguir ao inicial é obtido do anterior somando-lhe 8. A exponenciação pode ser representada de forma semelhante.

S-21. A relação: x, y, z são números e $z = x \times y$, é representada por uma Σ-fórmula (z é $x \times y$), que seja deixa como exercício; cf. Exercício 3.8.3.

S-22. A relação: x, y, z são números e $z = x^y$, é representada por uma Σ-fórmula (z é $x \uparrow y$), que seja deixa como exercício; cf. Exercício 3.8.7.

Exercícios

Exercício 3.8.1 Mostre que o conjunto de sequências finitas é de facto um Δ_0-conjunto.

Exercício 3.8.2 Mostre que a fórmula (z é x_y) pode ser substituída por uma Δ_0-fórmula equivalente.

Exercício 3.8.3 Mostre que a multiplicação é Σ.

Exercício 3.8.4 Seja $f : \omega \to \omega$ função e suponha-se que o grafo de f é Σ em $\mathbb{HF}$, isto é, $\{\langle x, y \rangle \mid f(x) = y\}$ é um Σ-conjunto. Seja ainda $a \in \omega$ número fixo. Defina, recursivamente, uma função $g : \omega \to \omega$ por $g(0) = a$ e $g(n + 1) = f(g(n))$. Mostre que o grafo de g é um Σ-conjunto.

Exercício 3.8.5 Mostre que as relações seguintes são Σ-relações:

1. $z = (x \text{ DIV } y)$, ou seja, z é o quociente da divisão inteira de x por y;

2. $z = (x \text{ MOD } y)$, ou seja, z é o resto da divisão inteira de x por y.

Exercício 3.8.6 Mostre que $z = (x \text{ BITAND } y)$ é uma Σ-relação. Sugestão: recorde o Exercício 1.5.3. Repita o exercício para $z = (x \text{ BITOR } y)$.

Exercício 3.8.7 Mostre que a operação de exponenciação é Σ.

Exercício 3.8.8 Apresente uma fórmula de LS que expresse o facto de a adição de números ser comutativa. Atenção: (z é $x + y$) é abreviatura de uma Σ-fórmula, mas $x + y$ não é termo e não pode ser usado como tal.

Exercício 3.8.9 Apresente uma fórmula de LS que expresse o facto de a multiplicação de números ser associativa.

Exercício 3.8.10 Apresente uma Σ-fórmula (y é conjunto das partes de x) que represente a relação: y é a coleção de subconjuntos de x. Sugestão: Suponha que y é o conjunto das partes de x. Então o conjunto das partes de $x \cup \{a\}$ é $y \cup y'$ em que y' resulta de acrescentar a a cada elemento de y.

Exercício 3.8.11 Suponha que se definem dois novos quantificadores limitados: $(\forall x \subseteq y)\varphi$, como abreviatura de $(\forall x)[(x \subseteq y) \supset \varphi]$, e $(\exists x \subseteq y)\varphi$, como abreviatura de $(\exists x)[(x \subseteq y) \wedge \varphi]$. Mostre que se estes forem acrescentados à linguagem das Σ-fórmulas, as relações que se conseguem representar nesta nova linguagem são ainda as Σ-relações.

Exercício 3.8.12 Por *fecho transitivo* de um conjunto x entende-se o *menor* conjunto y que estende x e que é transitivo, isto é, y é o fecho transitivo de x se não existe nenhum subconjunto próprio de y que estenda x e que seja transitivo. Mostre que a relação: y fecho transitivo de x é uma Σ-relação.

Capítulo 4

Representabilidade na aritmética

4.1 Conceitos básicos

Na Secção 2.5 definimos a noção geral de representar uma relação por uma fórmula. Em seguida, dedicámos o Capítulo 3 ao estudo do que é representável na estrutura $\mathbb{HF}$. Neste capítulo vamos dedicar a nossa atenção à estrutura $\mathbb{N}$. O foco, neste caso, vai ser ligeiramente diferente do do Capítulo 3. Em vez de mostrar diretamente que as noções que nos interessam são representáveis em $\mathbb{N}$ através da definição explícita das fórmulas, vamos antes mostrar que a representabilidade em $\mathbb{N}$ e a representabilidade em $\mathbb{HF}$ são conceitos muito semelhantes. E assim, os resultados sobre representabilidade em $\mathbb{HF}$ podem ser transportados para $\mathbb{N}$ de uma forma direta.

Recorde-se que decidimos identificar os números com certos conjuntos, os elementos de ω. Assim, quando trabalhamos em $\mathbb{HF}$ temos sempre os números à disposição, juntamente com muitas outras coisas, que incluem pares ordenados, sequências finitas, entre outros. O domínio de $\mathbb{N}$ é unicamente ω — não há mais nada. Adicionalmente, as relações, funções e constantes de que dispomos para trabalhar em $\mathbb{N}$ são diferentes daquelas de que dispomos em $\mathbb{HF}$. Isto significa que é necessário voltar a definir as noções de Δ_0 e de Σ, adaptando os conceitos à aritmética. Por um lado, vamos permitir a presença de símbolos de função e de símbolos de constante. Por outro lado, a noção de quantificador limitado tem que ser diferente.

A relação $x \leq y$ é representada, na estrutura $\mathbb{N}$, pela fórmula de LA $(\exists z)(x \oplus z \approx y)$. De igual modo, $x < y$ é representada por $(\exists z)(\neg(z \approx \mathbf{0}) \wedge (x \oplus z \approx y))$. A partir destas fórmulas, obtemos as seguintes noções de quantificador limitado para a aritmética.

Definição 4.1.1 Considerem-se as seguintes abreviaturas em LA:

1. $(\exists x \leq t)\varphi(x)$ como abreviatura de $(\exists x)(x \leq t \wedge \varphi(x))$;

2. $(\forall x \leq t)\varphi(x)$ como abreviatura de $(\forall x)(x \leq t \supset \varphi(x))$;

3. $(\exists x < t)\varphi(x)$ como abreviatura de $(\exists x)(x < t \wedge \varphi(x))$;

4. $(\forall x < t)\varphi(x)$ como abreviatura de $(\forall x)(x < t \supset \varphi(x))$.

A estes quantificadores dá-se o nome de *quantificadores limitados da aritmética*.

De facto, basta usar o par de quantificadores relativo a $\leq$ ou o par de quantificadores relativo a $<$ porque a partir de um dos pares conseguimos sempre definir o outro par como se mostra a seguir.

$$(\forall x < t)\varphi(x) \quad \text{sse} \quad (\forall x \leq t)(x \approx t \vee \varphi(x))$$
$$(\forall x \leq t)\varphi(x) \quad \text{sse} \quad (\forall x < t)\varphi(x) \wedge \varphi(t)$$

O caso dos quantificadores existenciais é semelhante. Com esta modificação, as definições de Δ_0 e Σ para a aritmética são muito semelhantes às da teoria de conjuntos.

Definição 4.1.2 Uma fórmula de LS cujos quantificadores sejam todos limitados diz-se uma Δ_0-*fórmula*. Um subconjunto de ω representado em $\mathbb{N}$ por uma Δ_0-fórmula diz-se um Δ_0-conjunto. As relações de aridade n definem-se de forma semelhante.

Definição 4.1.3 A classe das Σ-*fórmulas* de LA é definida como se segue:

1. Cada Δ_0-fórmula é uma Σ-fórmula;

2. Se A e B são Σ-fórmulas então $A \wedge B$ e $A \vee B$ também são Σ-fórmulas;

3. Se A é uma Σ-fórmula então $(\forall x \leq y)A$, $(\exists x \leq y)A$, $(\forall x < y)A$, $(\exists x < y)A$, e $(\exists x)A$ também são Σ-fórmulas, onde x e y são variáveis.

Um conjunto representado por uma Σ-fórmula diz-se um Σ-*conjunto*. As relações de aridade n definem-se de forma semelhante.

No caso da aritmética, vamos estar mais interessados em Σ-fórmulas do que em Δ_0-fórmulas. Um dos objetivos principais é mostrar o resultado seguinte: dado um conjunto de números S, então S é um Σ-conjunto em $\mathbb{HF}$ se e só se S é um Σ-conjunto em $\mathbb{N}$. Este é o tipo de resultado que justifica a afirmação anterior acerca de as noções de representabilidade em $\mathbb{N}$ e em $\mathbb{HF}$ serem conceitos muito semelhantes.

4.2 Aritmética na teoria de conjuntos

Tudo o que foi apresentado até ao momento parece indicar que as estruturas da teoria de conjuntos são mais ricas do que as estruturas da aritmética, o que sugere que tudo o que pode ser feito em $\mathbb{N}$ pode também ser feito em $\mathbb{HF}$. Vamos, nesta secção, enunciar e demonstrar uma versão precisa deste resultado.

Teorema 4.2.1 *Seja $\mathcal{R}$ relação sobre números, isto é, relação em ω.*

1. Se $\mathcal{R}$ for Σ-relação em $\mathbb{N}$ então $\mathcal{R}$ é Σ-relação em $\mathbb{HF}$.

2. Se $\mathcal{R}$ for representável em $\mathbb{N}$ então $\mathcal{R}$ é representável em $\mathbb{HF}$.

Demonstração Vamos demonstrar apenas a alínea 1 uma vez que a demonstração da alínea 2 é muito semelhante. Vamos assumir, para efeitos de simplicidade da notação, que $\mathcal{R}$ é uma relação unária — o caso geral é semelhante. Suponha-se que a relação $\mathcal{R}$ é representada em $\mathbb{N}$ por $\varphi(z)$, uma Σ-fórmula da aritmética. Podemos assumir, sem perda de generalidade, que todos os quantificadores limitados são da forma $(\forall x < t)$ e $(\exists x < t)$. Vamos transformar $\varphi(z)$ numa Σ-fórmula da teoria de conjuntos.

Começamos por tratar os termos da forma usual. Mas, em vez de descrever o algoritmo em detalhe, vamos ilustrar o seu funcionamento com um exemplo. Suponha-se que temos a fórmula atómica seguinte:

$$((x \oplus y) \otimes z) \approx (u \oplus v)$$

na qual temos termos encaixados. Vamos 'desencaixá-los' recorrendo a quantificadores existenciais para 'guardar' os resultados intermédios:

$$(\exists a)(a \approx x \oplus y \wedge$$
$$(\exists b)(b \approx a \otimes z \wedge$$
$$(\exists c)(c \approx u \oplus v \wedge$$
$$b \approx c))).$$

Note-se que este processo apenas introduz quantificadores existenciais e, por isso, a fórmula $\varphi(z)$ é convertida numa outra Σ-fórmula, que designamos por $\varphi'(z)$. Nesta fórmula, os símbolos de função e de constante apenas ocorrem em fórmulas atómicas da forma:

$$
\begin{aligned}
y &\approx u \oplus v \\
y &\approx u \otimes v \\
y &\approx \mathbb{S}(u) \\
y &\approx \mathbf{0}
\end{aligned}
$$

Em seguida, substituem-se, em $\varphi'(z)$, as fórmulas atómicas da aritmética pelas Σ-fórmulas correspondentes da teoria de conjuntos, tal como foram apresentadas no Capítulo 3:

$$(y \text{ é } u + v)$$
$$(y \text{ é } u \times v)$$
$$(y \text{ é } u^{+})$$
$$(y \text{ é } \varnothing)$$

Designe-se a fórmula resultante por $\varphi''(z)$. A ideia consiste em substituir as partes aritméticas por partes de teoria dos conjuntos que se comportem da mesma forma nos elementos de ω.

O próximo passo é tratar dos quantificadores limitados, o que não é difícil. Recorde-se que para os elementos de ω se verifica: $n < m$ se e só se $n \in m$. Logo, basta substituir $(\forall x < y)$ por $(\forall x \, \varepsilon \, y)$ e $(\exists x < y)$ por $(\exists x \, \varepsilon \, y)$. Designamos a fórmula resultante por $\varphi'''(z)$.

Finalmente, falta apenas tratar dos quantificadores existenciais não limitados. Estes não podem ser deixados inalterados uma vez que, em $\mathbb{N}$, a quantificação é feita sobre todos os números enquanto em $\mathbb{HF}$ a quantificação é feita sobre números mas também sobre *todos* os outros conjuntos hereditariamente finitos. A ideia, neste caso, é restringir o domínio da quantificação. Para tal, todo o quantificador existencial não limitado, por exemplo $(\exists x) \cdots x \cdots$, é substituído por $(\exists x)(\mathsf{Número}(x) \wedge \cdots x \cdots)$. A fórmula resultante designa-se por $\varphi''''(z)$. É também necessário restringir a variável livre z. Por isso, seja $\varphi'''''(z)$ a fórmula $\mathsf{Número}(z) \wedge \varphi''''(z)$.

É fácil mostrar que $\varphi'''''(z)$ representa, em $\mathbb{HF}$, o mesmo conjunto que $\varphi(z)$ representa em $\mathbb{N}$ ($\varphi'''''(z)$ é um exemplo de uma tradução simples). ∎

4.3   Função β de Gödel

Pretendemos agora estabelecer um resultado recíproco do teorema da secção anterior. Mas, antes, precisamos de alguns resultados técnicos. Entre as funções da estrutura $\mathbb{N}$ podemos encontrar a adição e a multiplicação. Mas vamos também precisar da exponenciação; vai desempenhar um papel fundamental no que se segue. Podíamos, como é óbvio, assumir a exponenciação como operação primitiva, tal como a adição e a multiplicação. Mas tal não é necessário visto que Gödel descobriu que esta operação é representável em $\mathbb{N}$ por uma Σ-fórmula. Em $\mathbb{HF}$, não dispomos de aritmética mas, contudo, vimos na Secção 3.8 que podemos introduzir as operações de adição, multiplicação e exponenciação a partir da noção de sequência finita. A ideia aqui é semelhante. A função β de Gödel é um mecanismo inteligente para referir sequências finitas em $\mathbb{N}$ embora estas não estejam, de facto, disponíveis como estão em $\mathbb{HF}$.

Começamos com alguns resultados sobre teoria de números — resultados antigos, por sinal. Em primeiro lugar, um resultado que remonta a Euclides:

- Sejam a e b dois números inteiros positivos e seja d o máximo divisor comum de a e b. Então, d é uma combinação linear de a e b. Isto é, existem dois números inteiros (não necessariamente positivos), u e v, tais que $au + bv = d$.

Uma demonstração deste resultado pode ser encontrada em qualquer livro elementar de álgebra moderna. Aliás, consegue-se mostrar que d é a menor combinação linear de a e b, mas tal facto não é necessário no que se segue. Uma consequência imediata do resultado anterior é a seguinte.

- Se a e b são números inteiros positivos e são primos entre si então existe um número inteiro positivo u tal que $au \equiv 1 \pmod{b}$.

É fácil concluir este facto a partir do resultado anterior. Com feito, se a e b são primos entre si então o máximo divisor comum entre eles é 1. Logo, existem u e v tais que $au + bv = 1$. Consequentemente, $au \equiv 1 \pmod{b}$. Se u não for positivo, existem uma infinidade de números inteiros positivos u' tais que $u \equiv u' \pmod{b}$. Basta escolher um desses números e $au' \equiv 1 \pmod{b}$.

Apresentamos em seguida o resultado técnico principal, outro resultado antigo da teoria de números. Recorde-se que quando falamos de número referimo-nos a um número inteiro não negativo, i.e., a um elemento de ω.

Teorema chinês do resto Seja x_0, x_1, ..., x_n sequência de $n + 1$ números inteiros positivos, primos entre si dois a dois. Então, para cada sequência de números k_0, k_1, ..., k_n do mesmo comprimento, existe um número z tal que $z \equiv k_i \pmod{x_i}$, para $i = 0, \dots, n$.

Demonstração Seja $x = x_0 \cdot \dots \cdot x_n$ e, para cada $i = 0, \dots, n$, defina-se $w_i = x_0 \cdot \dots \cdot x_{i-1} \cdot x_{i+1} \cdot \dots \cdot x_n$. Então, para cada i, $x = x_i \cdot w_i$, e x_i e w_i são primos entre si. Pela discussão anterior, existe um inteiro positivo z_i tal que $w_i \cdot z_i \equiv 1 \pmod{x_i}$ e, portanto, $w_i z_i k_i \equiv k_i \pmod{x_i}$.

Defina-se, agora, $z = w_0 z_0 k_0 + \cdots w_n z_n k_n$. É fácil de verificar que este elemento verifica as condições desejadas, recorrendo à definição de w_j,

$$
\begin{aligned}
z &\equiv w_i z_i k_i \pmod{x_i} \\
&\equiv k_i \pmod{x_i}.
\end{aligned}
$$

∎

Convém recordar que estamos a tentar encontrar uma Σ-representação para as sequências finitas na aritmética. O teorema chinês do resto aproxima-nos desse resultado. Suponha-se que escolhemos $n + 1$ números inteiros positivos, primos entre si dois a dois, $x_0, x_1, \ldots, x_n$, que se mantêm fixos. Então, para cada sequência finita $k_0, k_1, \ldots, k_n$ existe um único número z que, de certa forma, codifica esta sequência. Isto é, conseguimos recuperar a sequência k_0, $k_1, \ldots, k_n$ (módulo congruência) dividindo sucessivamente z pelos elementos da sequência $x_0, x_1, \ldots, x_n$, que se encontra fixa, e calculando os respetivos restos. Quer a divisão quer o resto são operações fáceis de representar em $\mathbb{N}$; com efeito são Δ_0. Isto significa que temos quase uma codificação para sequências finitas de números, de comprimento $n + 1$ (infelizmente, módulo congruência). O problema é que temos ainda que encontrar um processo de gerar a sequência $x_0, x_1, \ldots, x_n$. O próximo teorema, ou melhor, a sua demonstração, mostra como obter uma sequência de $n + 1$ números inteiros positivos, primos entre si dois a dois, a partir de uma sequência arbitrária de $n + 1$ números. No que se segue, vamos utilizar a seguinte notação: $x \mid y$ significa que x divide y, e $\text{Resto}(x, y)$ denota o resto da divisão inteira de x por y.

Definição 4.3.1 Considere-se a função $\beta(z, y, x)$ definida em ω como se segue:

$$\beta(z, y, x) = \text{Resto}\,(z, 1 + (x + 1) \cdot y)\,.$$

Teorema 4.3.2 *Seja $k_0, k_1, \ldots, k_n$ sequência arbitrária de $n + 1$ números. Existem números z e y tais que, para cada $i = 0, \ldots, n$,*

$$\beta(z, y, i) = k_i.$$

Demonstração Sejam $j = \max\{n, k_0, \ldots, k_n\}$ e $y = j!$. Em seguida, defina-se $x_i = 1 + (i + 1) \cdot y$, para cada $i = 0, \ldots, n$.

Temos uma sequência $x_0, x_1, \ldots, x_n$ de números e estes são primos entre si, dois a dois, como a seguir se explica. Suponha-se que p é número primo e que $p \mid x_i$ e $p \mid x_j$; vamos chegar a uma contradição. Suponha-se que $i > j$. A partir da definição de x_i e x_j, temos que $p \mid (i - j) \cdot y$. Logo, ou $p \mid (i - j)$ ou $p \mid y$. Se $p \mid y$, como $p \mid x_i$, então $p \mid 1$, o que é impossível uma vez que p é primo. Consequentemente, $p \mid (i - j)$. Como $i \leq n$ e $j \leq n$, então $0 < i - j \leq n$. Mas $p \leq (i - j) \leq n$ também se verifica, logo $p \mid n! = y$, que é impossível, como mostrámos atrás.

Como já sabemos que a sequência $x_0, x_1, \ldots, x_n$ é sequência de números primos entre si, dois a dois, recorrendo ao teorema chinês do resto, sabemos que existe um número z tal que $z \equiv k_i \pmod{x_i}$, para $i = 0, \ldots, n$. Mas como $k_i \leq j \leq y < x_i$ então $\text{Resto}(z, x_i) = k_i$, isto é, $k_i = \text{Resto}(z, 1 + (i + 1) \cdot y) = \beta(z, y, i)$ ■

A função β permite definir uma codificação com dois parâmetros das sequências finitas na aritmética. Para cada sequência finita $k_0, k_1, \ldots, k_n$ conseguimos determinar números z e y tais que, em conjunto, codificam a informação na sequência e de tal forma que a sequência pode ser recuperada a partir destes através de $\beta(z,y,0), \ldots, \beta(z,y,n)$. A única coisa que falta demonstrar é que a função β é Δ_0, o que se deixa como exercício.

Uma vez definida a função β, é relativamente fácil mostrar que a exponenciação é Σ. O número a^b é o último (ou o b-ésimo) elemento da sequência $a^0, a^1, a^2, \ldots, a^{b-1}, a^b$ e esta sequência é tal que o primeiro elemento é 1 e cada um dos outros elementos é obtido a partir do anterior multiplicando-o por a. (A propósito, com esta abordagem, atribui-se a 0^0 o valor 1. 0^0 é um valor que levanta problemas e que, em muitas situações, é deixado indefinido. Definindo-o como 1 torna as coisas mais fáceis, e não traz problemas de maior.)

Proposição 4.3.3 *A relação* $c = a^b$ *é uma* Σ-*relação em* $\mathbb{N}$.

Demonstração A função β é Δ_0. Denotamos por $w = \beta(z,y,x)$ uma Δ_0-fórmula que a represente em $\mathbb{N}$. Recorrendo à observação acima, $c = a^b$ é verdadeira se e só se

$$
(\exists z)(\exists y)\Big\{ c = \beta(z,y,b) \wedge
$$
$$
(\forall i \leq b)(\exists n)\Big[n = \beta(z,y,i) \wedge
$$
$$
[(i \approx \mathbf{0} \wedge n \approx \mathbb{S}(\mathbf{0})) \vee
$$
$$
(\exists j \leq i)(\exists m)(i \approx \mathbb{S}(j) \wedge m = \beta(z,y,j) \wedge n \approx a \otimes m)]\Big]\Big\}.
$$

∎

Importa realçar que, desde o trabalho original de Gödel, têm sido propostas várias soluções alternativas, algumas das quais bastante criativas, para codificar as sequências finitas na aritmética que evitam a utilização do teorema chinês do resto. Qualquer uma destas codificações das sequências finitas permite-nos representar a exponenciação e, no fundo, é isso que interessa. Neste texto, optámos por seguir os passos do mestre.

Exercícios

Exercício 4.3.1 Mostre que o teorema chinês do resto pode ser reforçado de modo a concluir que quaisquer dois números z_1 e z_2 que satisfaçam as condições de z são congruentes módulo $(x_1 \cdot \ldots \cdot x_n)$.

Exercício 4.3.2 Mostre que $w = \beta(z,y,x)$ é uma Δ_0-relação.

4.4   Teoria de conjuntos na aritmética

Vimos, na Secção 4.2, que se consegue fazer na estrutura $\mathbb{HF}$ tudo aquilo que se consegue fazer na estrutura $\mathbb{N}$, no que respeita à representabilidade. Este facto não deve ser uma surpresa, uma vez que R_ω é uma coleção muito rica e que contém inúmeros objetos matemáticos. Vamos agora ver que também se consegue fazer em $\mathbb{N}$ aquilo que se faz em $\mathbb{HF}$. Este resultado pode, à primeira vista, parecer surpreendente uma vez que ω é relativamente simples. O que Gödel e outros descobriram foi que os números podem ser usados para codificar estruturas relativamente elaboradas. De certo modo, isto explica muito do poder dos computadores modernos.

Antes de nos embrenharmos nos detalhes técnicos, talvez devêssemos explicar em que sentido é que se consegue fazer em $\mathbb{N}$ aquilo que se faz em $\mathbb{HF}$, uma vez que dispomos apenas de uma seleção limitada de conjuntos hereditariamente finitos: os elementos de ω. Recorde-se que foi definida na Secção 1.5 uma *enumeração de Gödel* dos conjuntos hereditariamente finitos; cf. Definição 1.5.3. Esta enumeração é uma aplicação de R_ω para ω que é injetiva e sobrejetiva, e que atribui a cada conjunto hereditariamente finito s o seu número de Gödel, $\mathcal{G}(s)$. A partir destes factos, vamos mostrar que a noção de representabilidade em $\mathbb{HF}$ pode ser convertida na noção de representabilidade da coleção de números de Gödel correspondentes em $\mathbb{N}$.

Definição 4.4.1 Seja $\mathcal{R}$ relação n-ária em $\mathbb{HF}$. Então, $\mathcal{G}(\mathcal{R})$ denota a relação n-ária em ω dada por:

$$\mathcal{G}(\mathcal{R}) = \{\langle \mathcal{G}(s_1), \ldots, \mathcal{G}(s_n) \rangle \mid \langle s_1, \ldots, s_n \rangle \in \mathcal{R}\}.$$

Teorema 4.4.2 *Seja $\mathcal{R}$ relação sobre conjuntos, isto é, relação em R_ω.*

1. *Se $\mathcal{R}$ for Σ-relação em $\mathbb{HF}$ então $\mathcal{G}(\mathcal{R})$ é Σ-relação em $\mathbb{N}$.*

2. *Se $\mathcal{R}$ for representável em $\mathbb{HF}$ então $\mathcal{G}(\mathcal{R})$ é representável em $\mathbb{N}$.*

Demonstração A demonstração da alínea 2 é em tudo semelhante à demonstração da alínea 1 e, por isso, omite-se. Suponha-se que $\mathcal{R}$ é Σ-relação unária em $\mathbb{HF}$; a demonstração para relações de aridade superior é semelhante. Pelo teorema da forma normal (Teorema 3.6.2) $\mathcal{R}$ é representável por uma Σ_1-fórmula, $(\exists y)\varphi(y, x)$ em que $\varphi(y, x)$ é Δ_0-fórmula. A partir do Exercício 3.2.1, podemos assumir que $\varphi(y, x)$ foi construída a partir das fórmulas atómicas $(x\,\varepsilon\,y)$ e $\neg(x\,\varepsilon\,y)$, usando $\wedge$, $\vee$ e os quantificadores limitados sobre conjuntos. A ideia é converter $(\exists y)\varphi(y, x)$ numa Σ-fórmula na linguagem de LA da aritmética que se comporte sobre os números de Gödel da mesma forma que $(\exists y)\varphi(y, x)$ se comporta nos conjuntos que os números codificam.

A fórmula $\varphi(y,x)$ é uma Δ_0-fórmula e, por isso, não contém nem símbolos de função nem símbolos de constante e todos os quantificadores são limitados. O primeiro passo consiste em converter todos os quantificadores limitados. Recorde-se que $(\forall z \,\varepsilon\, t)(\cdots z \cdots)$ é uma abreviatura de $(\forall z)(z \,\varepsilon\, t \supset \cdots z \cdots)$. Pelo Exercício 1.5.5, sabemos que se $s \in t$ então $\mathcal{G}(s) < \mathcal{G}(t)$ e através de um passo intermédio, substituímos cada subfórmula de $\varphi(y,x)$ da forma $(\forall z \,\varepsilon\, t)(\cdots z \cdots)$ por uma fórmula da forma $(\forall z < t)(z \,\varepsilon\, t \supset \cdots z \cdots)$. De igual modo, substituímos também cada subfórmula da forma $(\exists z \,\varepsilon\, t)(\cdots z \cdots)$ que, recorde-se, é uma abreviatura de $(\exists z)(z \,\varepsilon\, t \wedge \cdots z \cdots)$, por $(\exists z < t)(z \,\varepsilon\, t \wedge \cdots z \cdots)$. Denotamos a fórmula resultante por $\varphi'(y,x)$.

O passo seguinte baseia-se na Proposição 1.5.4: para quaisquer $s, t \in R_\omega$, $s \in t$ se e só se $[\mathcal{G}(t) \text{ DIV } 2^{\mathcal{G}(s)}] \text{ MOD } 2 = 1$. No entanto, não sabemos se esta relação é Δ_0, mas, felizmente, podemos recorrer a um resultado mais fraco. No Exercício 4.4.1 pede-se ao leitor que prove que esta relação é Σ e que a sua negação também é Σ. Então, vamos substituir em $\varphi'(y,x)$ cada subfórmula atómica da forma $(s \,\varepsilon\, t)$ por uma Σ-fórmula que represente $[\mathcal{G}(t) \text{ DIV } 2^{\mathcal{G}(s)}]$ MOD $2 = 1$ e vamos substituir cada subfórmula atómica da forma $\neg(s \,\varepsilon\, t)$ por uma Σ-fórmula que represente a negação de $[\mathcal{G}(t) \text{ DIV } 2^{\mathcal{G}(s)}]$ MOD $2 = 1$. Denotamos a fórmula resultante por $\varphi''(y,x)$.

A fórmula $(\exists y)\varphi''(y,x)$ é construída exclusivamente na linguagem da aritmética. É também Σ-fórmula, do ponto de vista aritmético. E, finalmente, deve ser claro que se comporta sobre os números de Gödel dos conjuntos da mesma forma que $(\exists y)\varphi(y,x)$ se comporta sobre os conjuntos propriamente ditos. ∎

Exercícios

Exercício 4.4.1 Mostre que as seguintes relações são Σ-relações em $\mathbb{N}$:

1. $E(s,t)$ que se verifica sempre que $[\mathcal{G}(t) \text{ DIV } 2^{\mathcal{G}(s)}]$ MOD $2 = 1$.

2. $\overline{E}(s,t)$ que se verifica sempre que $[\mathcal{G}(t) \text{ DIV } 2^{\mathcal{G}(s)}]$ MOD $2 \neq 1$.

4.5 Σ é Σ

Nesta secção, terminamos o estudo da relação entre $\mathbb{N}$ e $\mathbb{HF}$. Vamos mostrar que a noção de uma fórmula ser Σ é independente da estrutura, $\mathbb{N}$ ou $\mathbb{HF}$, considerada, e o mesmo se passa em relação à noção de representabilidade. É claro que o resultado não é tão simples como se acabou de enunciar uma vez que em R_ω temos conjuntos enquanto que em ω temos números. De qualquer modo, existe um isomorfismo entre estes e este isomorfismo transforma Σ-conjuntos em Σ-conjuntos. Esta é, tecnicamente, a forma correta de enunciar estes resultados.

Antes de enunciarmos e demonstrarmos rigorosamente os teoremas que acabámos de referir, necessitamos de estabelecer um resultado técnico muito simples. Definimos, na Secção 1.5, a enumeração de Gödel, $\mathcal{G} : R_\omega \to \omega$, com a qual temos vindo a trabalhar. É fácil de perceber que $\mathbb{HF}$ é suficientemente rica para definir esta função uma vez que a sua definição é muito simples.

Lema 4.5.1 *A relação $y = \mathcal{G}(x)$ é uma Σ-relação em $\mathbb{HF}$.*

Demonstração Vamos apenas esboçar as ideias principais, deixando a apresentação da Σ-fórmula como exercício. Se x é conjunto então pode ser obtido de $\emptyset$ usando a operação $\mathcal{A}$. Logo, existe sequência s de conjuntos na qual cada elemento ou é $\emptyset$, ou é $\mathcal{A}(u, v)$ em que u e v são elementos que surgem na sequência antes de $\mathcal{A}(u, v)$, e a sequência termina em x. Em simultâneo com a construção da sequência s, construímos a sequência dos números de Gödel correspondentes, como a seguir se descreve. O número de Gödel de $\emptyset$ é 0. Se conhecermos os números de Gödel de u e de v, podemos determinar o número de Gödel de $\mathcal{A}(u, v)$ recorrendo à Proposição 1.5.5. Deste modo, construímos uma sequência de números de Gödel do mesmo comprimento que s, que termina em y. O resto da demonstração é deixado como exercício, deixando como sugestão o Exercício 3.8.6. ∎

Depois deste resultado, o que se segue é fácil. Vamos estabelecer, essencialmente, dois resultados, um acerca de conjuntos e outro acerca de números.

Teorema 4.5.2 *Seja $\mathcal{R}$ relação em R_ω.*

1. *$\mathcal{R}$ é Σ-relação em $\mathbb{HF}$ se e só se $\mathcal{G}(\mathcal{R})$ é Σ-relação em $\mathbb{N}$.*

2. *$\mathcal{R}$ é representável em $\mathbb{HF}$ se e só se $\mathcal{G}(\mathcal{R})$ é representável em $\mathbb{N}$.*

Demonstração Vamos demonstrar a alínea 1. Parte da demonstração já está feita: se $\mathcal{R}$ é Σ-relação em $\mathbb{HF}$ então $\mathcal{G}(\mathcal{R})$ é Σ-relação em $\mathbb{N}$, pelo Teorema 4.4.2. Para mostrar o recíproco, suponha-se que $\mathcal{G}(\mathcal{R})$ é Σ-relação em $\mathbb{N}$. Então, pelo Teorema 4.2.1, $\mathcal{G}(\mathcal{R})$ é também Σ-relação em $\mathbb{HF}$. Suponha-se, por questões de simplicidade, que $\mathcal{R}$ é relação unária e que $\mathcal{G}(\mathcal{R})$ é representada em $\mathbb{HF}$ pela Σ-fórmula $\varphi(x)$. Então, $\mathcal{R}$ é representada pela fórmula $\psi(y) =$

$$(\exists x) \, [\varphi(x) \wedge y = \mathcal{G}(x)]$$

em que recorremos à Σ-fórmula para a enumeração de Gödel, definida no lema anterior. ∎

Teorema 4.5.3 *Seja $\mathcal{R}$ relação em ω.*

1. *$\mathcal{R}$ é Σ-relação em $\mathbb{HF}$ se e só se $\mathcal{G}(\mathcal{R})$ é Σ-relação em $\mathbb{N}$.*

2. $\mathcal{R}$ é representável em $\mathbb{HF}$ se e só se $\mathcal{G}(\mathcal{R})$ é representável em $\mathbb{N}$.

A demonstração deste resultado é deixada como exercício e é muito semelhante à do teorema anterior. A consequência mais surpreendente destes resultados, no que se refere à representabilidade, é que não é relevante se trabalhamos em $\mathbb{N}$ ou em $\mathbb{HF}$. A riqueza de $\mathbb{HF}$ é apenas aparente; $\mathbb{N}$ é, de facto, $\mathbb{HF}$ camuflado.

Muitos autores optam por seguir os passos de Gödel e mostrar diretamente que as noções de par ordenado, sequência finita, entre outras, podem ser codificadas por números. Aqui, optámos por mostrar, de uma vez por todas, que podemos usar todos os conceitos de $\mathbb{HF}$ quando trabalhamos em $\mathbb{N}$, o que torna os nossos resultados e demonstrações mais simples. Esta relação entre teoria de conjuntos e aritmética inteira tornou-se conhecida nos anos 60, em parte como consequência de várias tentativas (bem sucedidas) de generalizar a noção de computação. Mas, no entanto, é por vezes considerada como folclore, em vez de ser tratada como nuclear, tal como nós optámos por fazer.

Exercícios

Exercício 4.5.1 Demonstre o Teorema 4.5.3.

Capítulo 5

Teorema de Tarski

5.1 O que é um símbolo?

Agora que já sabemos que as noções de representabilidade para as estruturas da teoria de conjuntos finitos e da aritmética são essencialmente a mesma coisa, podemo-nos concentrar numa dessas estruturas. A estrutura $\mathbb{HF}$ é uma estrutura cuja riqueza se apreende mais facilmente, razão pela qual optamos por trabalhar em $\mathbb{HF}$. Vimos, no Capítulo 3, que um grande número de noções elementares úteis são representáveis por Σ-fórmulas. A linguagem LS permite exprimir a noção de par ordenado, de função, ou mesmo de número. Vamos agora concentrar-nos em LS propriamente dita para determinarmos se conseguimos exprimir o facto de algo ser um termo ou uma fórmula. Vamos mesmo ao extremo de verificar se a noção de representabilidade é representável, o que nos vai conduzir ao teorema de Tarski e, posteriormente, ao teorema de Gödel. Estes resultados, no entanto, vão ter que aguardar até todos os conceitos necessários terem sido apresentados.

A primeira questão a abordar é, aparentemente, uma questão básica. Como é que é possível que LS possa falar acerca de si própria, uma vez que fala de conjuntos e não de fórmulas? Uma fórmula é constituída por símbolos de um alfabeto. Se voltarmos atrás, à Secção 2.2, recordamos que uma linguagem, para além dos conectivos proposicionais, etc., contém símbolos de função, símbolos de relação, etc. Mas nunca dissemos que objetos matemáticos eram estes símbolos uma vez que, até agora, tal não tinha sido necessário. Indicámos, no entanto, os sinais tipográficos usados para os denotar, o que não é, de todo, a mesma coisa. Chegou o momento de definir o que são os símbolos de LS. Uma vez que estes símbolos não foram necessários até agora, nada do que dissermos acerca deles afetará o que foi feito até agora. Como é evidente, vamos dizer que os símbolos são conjuntos e vamos escolher conjuntos com os quais seja fácil trabalhar. Em tudo o resto, as nossas escolhas vão ser arbitrárias.

Deve começar a ficar claro como é que LS pode falar acerca de si própria. Se o alfabeto de símbolos elementares é composto por conjuntos então os termos e as fórmulas, sendo sequências finitas de símbolos, são sequências finitas de conjuntos e, consequentemente, são também elas conjuntos. É precisamente disto que LS trata. Indicam-se, na Tabela 5.1 os conjuntos escolhidos para denotar os símbolos de LS. Feito isto, LS já pode começar a falar de si própria.

Variáveis	v_0	v_1	v_2	$\cdots$
	$\langle 0,0 \rangle$	$\langle 0,1 \rangle$	$\langle 0,2 \rangle$	$\cdots$
Conectivos	$\neg$	$\wedge$	$\vee$	$\supset$
	$\langle 1,0 \rangle$	$\langle 1,1 \rangle$	$\langle 1,2 \rangle$	$\langle 1,3 \rangle$
Quantificadores	$\forall$	$\exists$		
	$\langle 2,0 \rangle$	$\langle 2,1 \rangle$		
Pontuação	)	(	,	
	$\langle 3,0 \rangle$	$\langle 3,1 \rangle$	$\langle 3,2 \rangle$	
Símbolo de Relação	ε			
	$\langle 4,0 \rangle$			
Símbolo de Função	$\mathbb{A}$			
	$\langle 5,0 \rangle$			
Símbolo de Constante	$\varnothing$			
	$\langle 6,0 \rangle$			

Tabela 5.1: Os símbolos de LS

S-23. O conjunto de variáveis de LS é um Σ-conjunto e é representado pela fórmula Variável(x):

$$(\exists y)(\exists z)[(x \text{ é } \langle y,z \rangle) \wedge (y \text{ é } \varnothing) \wedge \text{Número}(z)].$$

As variáveis são a única família de símbolos que dá algum trabalho, uma vez que todas as outras famílias são finitas. Podemos dizer que algo é um quantificador dizendo, por exemplo, que é $\langle 2,0 \rangle$ ou $\langle 2,1 \rangle$. Como vimos anteriormente, todo o subconjunto de R_ω com apenas um elemento é um Δ_0-conjunto. Por isso, vamos introduzir a seguinte convenção, que vai tornar a leitura de fórmulas complicadas um pouco mais simples.

Notação A expressão $(x \text{ é } `\neg')$ abrevia uma $\Delta_0$-fórmula que represente $\{\langle 1,0 \rangle\}$, isto é, que represente $\{\neg\}$. De igual forma, $(x \text{ é } `\forall')$ abrevia uma Δ_0-fórmula que represente $\{\langle 2,0 \rangle\}$, isto é, que represente $\{\forall\}$. Procedemos de modo semelhante para os outros símbolos.

Exercícios

Exercício 5.1.1 Mostre que o conjunto de variáveis é Δ_0.

5.2 Concatenação

Os termos e fórmulas são construídos combinando termos e fórmulas mais simples. Vamos precisar de introduzir algumas noções para manipular sequências em $\mathbb{HF}$ de forma a tratar estas noções de modo adequado.

Definição 5.2.1 Sejam $f, g \in R_\omega$ sequências finitas. A *concatenação* de f e g, que se denota por $f * g$, é a sequência finita composta pelos elementos de f seguidos dos elementos de g. Mas precisamente, suponha-se que o domínio de f é o número i e que o domínio de g é o número j. Então, $f * g$ é a sequência h cujo domínio é $i + j$ e é tal que $h(n) = f(n)$, para $n < i$, e $h(i + n) = g(n)$, para $n < j$.

Recorde-se que, na Secção 3.8, se definiu notação que, sendo s sequência finita, permite a utilização de s_n na escrita de fórmulas como se de um termo se tratasse.

S-24. A relação $h = f * g$ é Σ e é representada pela fórmula (h é $f * g$):

$$(\exists i)(\exists j)(\exists k)\{(\text{Sequência } f \text{ Com Domínio } i)\wedge$$
$$(\text{Sequência } g \text{ Com Domínio } j)\wedge$$
$$(\text{Sequência } h \text{ Com Domínio } k) \wedge (k \text{ é } i + j)\wedge$$
$$(\forall n \, \varepsilon \, i)(h_n \text{ é } f_n)\wedge$$
$$(\forall n \, \varepsilon \, j)(\exists m)((m \text{ é } i + n) \wedge (h_m \text{ é } g_n))\}.$$

Notação A notação seguinte destina-se a tornar as fórmulas mais fáceis de ler.

1. Vamos permitir a utilização de $f * g$ como se de um termo se tratasse. Assim, sendo $\varphi(x)$ uma fórmula, podemos escrever $\varphi(f*g)$ como abreviatura de:

$$(\exists h)[(h \text{ é } f * g) \wedge \varphi(h)].$$

   Note-se que se $\varphi(x)$ for Σ-fórmula então $\varphi(f*g)$ também é Σ-fórmula.

2. Usando a notação anterior, vamos escrever (w é $x*y*z$) como abreviatura de (w é $(x * y) * z$), isto é, como abreviatura de

$$(\exists h)[(h \text{ é } x * y) \wedge (w \text{ é } h * z)].$$

3. De igual modo, vamos escrever (v é $w * x * y * z$) como abreviatura de (v é $(w * x) * y * z$), e assim sucessivamente.

4. Vamos usar expressões como $x * y * z$, $w * x * y * z$, ... como termos, tal
como foi descrito na alínea 1.

Vamos precisar recorrentemente de acrescentar um novo elemento a uma
sequência finita. Felizmente, não é necessário voltar a discutir como tal pode
ser feito uma vez que as ferramentas necessárias para o fazer já se encontram
disponíveis. O conjunto $\{\langle 0, s \rangle\}$ é a sequência com apenas um termo, o termo
s. Para acrescentar s no fim de f basta concatenar as duas sequências f e
$\{\langle 0, s \rangle\}$. Vamos usar $\langle\!\langle s \rangle\!\rangle$ como abreviatura de $\{\langle 0, s \rangle\}$ de forma a facilitar a
leitura, e vamos utilizá-la como se um termo de LS se tratasse.

Notação Apresentam-se em seguida mais algumas abreviaturas de fórmulas.

1. Vamos usar $(x \text{ é } \langle\!\langle s \rangle\!\rangle)$ como abreviatura de
$$(\exists z)[(z \text{ é } \varnothing) \wedge (\exists y)(y \text{ é } \langle z, s \rangle \wedge x \text{ é } \{y\})].$$

2. Vamos usar $\varphi(\langle\!\langle s \rangle\!\rangle)$ como abreviatura de $(\exists x)[x \text{ é } \langle\!\langle s \rangle\!\rangle \wedge \varphi(x)]$.

Note-se que as várias abreviaturas apresentadas podem ser combinadas. Por
exemplo, ao expandir $\varphi(f * \langle\!\langle \text{'} \rangle\!\rangle)'$ obtemos $(\exists x)[x \text{ é } \langle\!\langle \text{'} \rangle\!\rangle)' \wedge \varphi(f * x)]$ que, por
sua vez, pode continuar a ser expandida, tal como se descreveu anteriormente.

5.3 Representando termos

Podemos finalmente começar a discutir a representabilidade dos termos de LS,
recorrendo a uma fórmula de LS, no modelo $\mathbb{HF}$. Este projeto pode parecer um
pouco tortuoso mas a ideia é, no entanto, bastante elementar. A Definição 2.2.2
apresenta uma caracterização da noção de termo: algo que é construído a
partir das variáveis e dos símbolos de constante usando os símbolos de função.
Então, para mostrar que uma certa sequência é um termo temos que conseguir
construir uma *sequência de formação de termos* adequada: uma sequência t_0,
t_1, t_2, ..., t_n tal que cada elemento ou é variável, ou é símbolo de constante,
ou foi obtido a partir de termos anteriores na sequência usando um símbolo de
função. Uma sequência de formação ilustra como os termos são construídos.
Por isso, para mostrar que t é termo basta mostrar que existe uma sequência
de formação de termos da qual t faz parte. Vamos transformar esta descrição
numa fórmula. Recorde-se que LS apenas tem um símbolo de constante, $\varnothing$, e
um símbolo de função, $\mathbb{A}$.

S-25. A família de sequências de formação de termos para LS é representada
pela Σ-fórmula SequênciaDeTermos(s):

$(\exists d)\{(\text{Sequência } s \text{ Com Domínio } d) \wedge$
$(\forall n \, \varepsilon \, d)[\text{Variável}(s_n) \vee (s_n \text{ é '}\varnothing\text{'}) \vee$
$(\exists i \, \varepsilon \, n)(\exists j \, \varepsilon \, n)(s_n \text{ é } \langle\!\langle \mathbb{A} \rangle\!\rangle * \langle\!\langle \text{'(} \rangle\!\rangle * s_i * \langle\!\langle \text{',} \rangle\!\rangle * s_j * \langle\!\langle \text{')'} \rangle\!\rangle)]\}.$

S-26. A família de termos de LS é representada pela Σ-fórmula $\mathsf{Termo}(t)$:

$$(\exists s)[\mathsf{SequênciaDeTermos}(s) \wedge (\exists n)(t\ \text{é}\ s_n)].$$

Deixa-se como exercício, mostrar o facto seguinte.

S-27. A família de termos *fechados* de LS é representada por uma Σ-fórmula, a que se chama $\mathsf{TermoFechado}(t)$.

Exercícios

Exercício 5.3.1 Mostre que a família de termos fechados de LS é Σ.

5.4 Representando fórmulas

Acabámos de verificar que a família de termos de LS é Σ. Podemos proceder de modo semelhante para mostrar que a família de fórmulas também é Σ. Começamos por introduzir a noção de *sequência de formação de fórmulas*, tal como no caso dos termos, com algumas modificações óbvias: s é uma sequência de formação de fórmulas se cada um dos seus elementos ou é uma fórmula atómica, ou foi obtido a partir de elementos anteriores usando um conectivo proposicional, ou foi obtido de um elemento anterior usando um quantificador.

S-28. A família de fórmulas atómicas de LS é representada pela Σ-fórmula $\mathsf{Atómica}(s)$:

$$(\exists t)(\exists u)[\mathsf{Termo}(t) \wedge \mathsf{Termo}(u) \wedge (s\ \text{é}\ \langle\!\langle\text{`('}\rangle\!\rangle * t * \langle\!\langle\text{`}\varepsilon\text{'}\rangle\!\rangle * u * \langle\!\langle\text{`)'}\rangle\!\rangle)].$$

S-29. A família de sequências de formação de fórmulas de LS é representada pela Σ-fórmula $\mathsf{SequênciaDeFórmulas}(s)$:

$$
\begin{aligned}
&(\exists d)\{(\text{Sequência } s \text{ Com Domínio } d)\wedge \\
&\quad (\forall n\, \varepsilon\, d)[\mathsf{Atómica}(s_n)\vee \\
&\quad (\exists i\, \varepsilon\, n)(s_n\ \text{é}\ \langle\!\langle\text{`}\neg\text{'}\rangle\!\rangle * s_i)\vee \\
&\quad (\exists i\, \varepsilon\, n)(\exists j\, \varepsilon\, n) \\
&\qquad (s_n\ \text{é}\ \langle\!\langle\text{`('}\rangle\!\rangle * s_i * \langle\!\langle\text{`}\wedge\text{'}\rangle\!\rangle * s_j * \langle\!\langle\text{`)'}\rangle\!\rangle)\vee \\
&\qquad s_n\ \text{é}\ \langle\!\langle\text{`('}\rangle\!\rangle * s_i * \langle\!\langle\text{`}\vee\text{'}\rangle\!\rangle * s_j * \langle\!\langle\text{`)'}\rangle\!\rangle\vee \\
&\qquad s_n\ \text{é}\ \langle\!\langle\text{`('}\rangle\!\rangle * s_i * \langle\!\langle\text{`}\supset\text{'}\rangle\!\rangle * s_j * \langle\!\langle\text{`)'}\rangle\!\rangle)\vee \\
&\quad (\exists i\, \varepsilon\, n)(\exists v)(\mathsf{Variável}(v)\wedge \\
&\qquad (s_n\ \text{é}\ \langle\!\langle\text{`('}\rangle\!\rangle * \langle\!\langle\text{`}\forall\text{'}\rangle\!\rangle * v * \langle\!\langle\text{`)'}\rangle\!\rangle * s_i\vee \\
&\qquad s_n\ \text{é}\ \langle\!\langle\text{`('}\rangle\!\rangle * \langle\!\langle\text{`}\exists\text{'}\rangle\!\rangle * v * \langle\!\langle\text{`)'}\rangle\!\rangle * s_i))]\}.
\end{aligned}
$$

S-30. A família de fórmulas de LS é representada pela Σ-fórmula Fórmula(f):

$$(\exists s)[\text{SequênciaDeFórmulas}(s) \wedge (\exists n)(f \text{ é } s_n)].$$

Vamos também precisar de saber quais as variáveis que ocorrem livres numa fórmula. Na Definição 2.2.7 as variáveis livres são aquelas que se alteram por substituição. Esta não é a noção mais conveniente neste contexto uma vez que para afirmar que uma fórmula é fechada é necessário dizer que nenhuma variável ocorre livre, o que implica a utilização de um quantificador universal. Este problema pode ser contornado através da utilização de um quantificador universal limitado. Não vamos adotar esta solução. Vamos antes adotar a solução seguinte, que se deixa como exercício.

S-31. A relação seguinte é Σ: f é fórmula e s é o conjunto de variáveis livres de f. Esta relação é representada pela fórmula (Fórmula f Com s Livre). (cf. Exercício 5.4.1.)

Exercícios

Exercício 5.4.1 Apresente uma Σ-fórmula (Fórmula f Com s Livre) que represente a relação: f é fórmula e s é o conjunto de variáveis livre de f. Sugestão: Comece por resolver o Exercício 2.2.3.

5.5   Substituição

Pretendemos mostrar que a substituição de uma variável livre por um termo numa fórmula é uma noção Σ. Começamos pela substituição em termos, onde esta noção é mais fácil de perceber. Uma maneira de caracterizar a substituição de uma variável v por um termo t noutro termo s consiste em construir uma sequência de formação f para o termo s e, à medida que esta vai sendo construída, construir uma outra sequência g em paralelo, na qual se escreve t no lugar de v. Assim, se o n-ésimo elemento da sequência f for um símbolo de constante ou uma variável que não a variável v então defina-se o n-ésimo elemento da sequência g como sendo esse mesmo elemento. Se o n-ésimo elemento da sequência f for v então defina-se o n-ésimo elemento da sequência g como sendo t. Em caso contrário, se o n-ésimo elemento da sequência f foi obtido a partir de dois termos anteriores usando um símbolo de função, então defina-se o n-ésimo elemento da sequência g como sendo obtido a partir dos dois termos anteriores correspondentes usando o mesmo símbolo de função. Deste modo, cada elemento de g será o mesmo que o termo correspondente de f mas no lugar de v vai surgir o termo t, isto é, se s for um elemento de f então o elemento correspondente em g é o termo que se obtém de s substituindo v por t. Apenas resta transformar esta descrição informal numa Σ-fórmula.

S-32. A relação: v é variável, s, t, e u são termos, e u é o resultado de substituir v por t em s, é Σ e é representada pela Σ-fórmula (u é $s\left[\begin{smallmatrix}v\\t\end{smallmatrix}\right]$):

$$\text{Variável}(v) \wedge \text{Termo}(s) \wedge \text{Termo}(t) \wedge \text{Termo}(u)\wedge$$
$$(\exists f)(\exists g)(\exists n)\{$$
$$(\text{Sequência } f \text{ Com Domínio } n)\wedge$$
$$(\text{Sequência } g \text{ Com Domínio } n)\wedge$$
$$(\forall k \, \varepsilon \, n)[$$
$$((f_k \text{ é } `\varnothing\text{'}) \wedge (g_k \text{ é } \varnothing))\vee$$
$$(\text{Variável}(f_k) \wedge (v \text{ é } f_k) \wedge (t \text{ é } g_k))\vee$$
$$(\text{Variável}(f_k) \wedge \neg(v \text{ é } f_k) \wedge (f_k \text{ é } g_k))\vee$$
$$(\exists i \, \varepsilon \, k)(\exists j \, \varepsilon \, k)$$
$$(f_k \text{ é } \langle\!\langle `A\text{'}\rangle\!\rangle * \langle\!\langle `(\text{'}\rangle\!\rangle * f_i * \langle\!\langle `,\text{'}\rangle\!\rangle * f_j * \langle\!\langle `)\text{'}\rangle\!\rangle \wedge$$
$$g_k \text{ é } \langle\!\langle `A\text{'}\rangle\!\rangle * \langle\!\langle `(\text{'}\rangle\!\rangle * g_i * \langle\!\langle `,\text{'}\rangle\!\rangle * g_j * \langle\!\langle `)\text{'}\rangle\!\rangle)]\wedge$$
$$(\exists m)(s \text{ é } f_m \wedge u \text{ é } g_m)\}.$$

Uma vez tratada a substituição em termos, passamos agora ao problema da substituição em fórmulas. A substituição em fórmulas atómicas é fácil — só há um tipo de fórmula atómica.

S-33. A relação: v é variável, t é termo, A e B são fórmulas atómicas, e B resulta de substituir v por t em A, é Σ. Continuamos a utilizar a notação para a substituição: (B é $A\left[\begin{smallmatrix}v\\t\end{smallmatrix}\right]$) é uma abreviatura da fórmula apresentada abaixo. Nesta fórmula, a notação relativa à substituição refere-se à fórmula anterior, S-32, para a substituição em termos, não havendo, por isso, qualquer confusão.

$$\text{Atómica}(A) \wedge \text{Atómica}(B) \wedge \text{Variável}(v) \wedge \text{Termo}(t)\wedge$$
$$(\exists x)(\exists y)(\exists z)(\exists w)[$$
$$(A \text{ é } \langle\!\langle `(\text{'}\rangle\!\rangle * x * \langle\!\langle `\,\varepsilon\,\text{'}\rangle\!\rangle * y * \langle\!\langle `)\text{'}\rangle\!\rangle)\wedge$$
$$(B \text{ é } \langle\!\langle `(\text{'}\rangle\!\rangle * z * \langle\!\langle `\,\varepsilon\,\text{'}\rangle\!\rangle * w * \langle\!\langle `)\text{'}\rangle\!\rangle)\wedge$$
$$(z \text{ é } x\left[\begin{smallmatrix}v\\t\end{smallmatrix}\right]) \wedge (w \text{ é } y\left[\begin{smallmatrix}v\\t\end{smallmatrix}\right])].$$

Chegamos finalmente ao nosso objetivo — substituição em fórmulas, em geral. A ideia é usar novamente a construção paralela de sequências de formação, tal como foi feito no caso dos termos, mas respeitando as condições da Definição 2.2.6. Como acreditamos que será mais fácil para o leitor encontrar a sua própria caracterização Σ em vez de ler uma proposta por nós, deixamo-la como exercício.

S-34. A relação: v é variável, t é termo, X e Y são fórmulas e Y é o resultado de substituir todas as ocorrências livres de v por t em X, é Σ e é representada pela Σ-fórmula (Y é $X\left[\begin{smallmatrix}v\\t\end{smallmatrix}\right]$).

Exercícios

Exercício 5.5.1 Mostre que a relação: v é variável, t é termo, X e Y são fórmulas e Y é o resultado de substituir todas as ocorrências livres de v por t em X, é Σ.

5.6   Representando a representabilidade

Nas secções anteriores, começámos a usar LS para falar de si própria em $\mathbb{HF}$ e descobrimos que podemos fazer bastantes afirmações. Podemos afirmar que algo é um termo, ou que é uma fórmula. Podemos afirmar em LS quase tudo o que foi dito, em capítulos anteriores, acerca da sintaxe. Mas existe também a semântica. Afirmámos, por exemplo, que certos conjuntos eram representáveis por fórmulas de LS e agora pretendemos verificar se tais afirmações podem também ser feitas no contexto de LS. Vamos, em particular, analisar a representabilidade da própria noção de representabilidade. Mais precisamente, vamos verificar se o conjunto seguinte é representável:

$$\{\langle x, y\rangle \in R_\omega \mid x \text{ é fórmula e } y \text{ é o conjunto que } x \text{ representa}\}.$$

De facto, não é! E vamos apresentar um exemplo mais simples e mais espetacular de um conjunto que não é representável.

Mas, em primeiro lugar, é preciso perceber o que é que significa o conjunto hereditariamente finito s pertencer ao conjunto representado por $\varphi(x)$. De acordo com a definição apresentada, significa que $\varphi(t)$ é verdadeira em $\mathbb{HF}$, onde t é um termo fechado que designa s, isto é, $t^{\mathbb{HF}} = s$. Então, um primeiro passo na tentativa de representar a noção de representabilidade passa por representar a noção de um termo designar um conjunto. Vamos averiguar o que é que isto significa.

Como $\mathbb{HF}$ é um modelo canónico então cada elemento do seu domínio, R_ω, é designado por um termo fechado. Por exemplo, o conjunto $\{\emptyset\}$ é designado pelo termo fechado $\mathbb{A}(\varnothing, \varnothing)$ visto que este termo fechado designa o conjunto $\mathcal{A}(\emptyset, \emptyset) = \emptyset \cup \{\emptyset\} = \{\emptyset\}$. Um termo fechado é uma sequência de símbolos e um símbolo é um conjunto; por exemplo, $\mathbb{A} = \langle 5, 0\rangle$. Após consultar a Tabela 5.1, verificamos que o termo fechado $\mathbb{A}(\varnothing, \varnothing)$ é o conjunto:

$$\{\langle 0, \langle 5, 0\rangle\rangle, \langle 1, \langle 3, 1\rangle\rangle, \langle 2, \langle 6, 0\rangle\rangle, \langle 3, \langle 3, 2\rangle\rangle, \langle 4, \langle 6, 0\rangle\rangle, \langle 5, \langle 3, 0\rangle\rangle\}.$$

Então, a asserção de que $\mathbb{A}(\varnothing, \varnothing)$ designa $\{\emptyset\}$ é, de facto, uma asserção acerca de um par de conjuntos. Assim, é possível que pelo menos a relação de designação seja representável.

Com efeito, a relação de designação é Σ, facto cuja demonstração se deixa como exercício. A construção básica já foi utilizada anteriormente. Se t é um termo fechado, então é porque é um elemento de uma sequência de formação de termos. A ideia é construir, em paralelo, uma outra sequência, cujos elementos sejam os conjuntos designados pelos elementos correspondentes da sequência de formação.

S-35. A relação: t é termo fechado que designa o conjunto s, é Σ e é representada pela fórmula Designa(t, s).

Notação A noção de representabilidade, tal como foi apresentada na Definição 2.5.1, inclui fórmulas com muitas variáveis livres. Mas o Exercício 3.5.1 do Capítulo 3 mostra que basta considerarmos fórmulas com apenas uma variável livre. Como é evidente, podemos considerar sempre a mesma variável livre, através de uma mudança de variáveis. Denotamos essa variável por v_0, por conveniência.

A partir desta convenção, o conjunto das fórmulas representantes é o conjunto da fórmulas com v_0 livre.

S-36. O conjunto de fórmulas representantes é Σ e é representado pela fórmula FórmulaRepresentante(f):

$$(\exists x)\{(\text{Fórmula } f \text{ Com } x \text{ Livre}) \wedge (\forall y \, \varepsilon \, x)(y \text{ é } `v_0\text{'})\}.$$

No que se segue, vamos utilizar quase sempre a operação de substituição para substituir a variável v_0. Por esse motivo, vamos considerar uma notação simplificada.

S-37. De agora em diante vamos escrever:

$$(X \text{ é } Y(t))$$

como abreviatura de:

$$(\exists z)\{(z \text{ é } `v_0\text{'}) \wedge X \text{ é } Y \left[{z \atop t}\right]\}.$$

Voltando à pergunta inicial: o que é que significa s ser elemento do conjunto designado por $\varphi(v_0)$? Significa que $\varphi(t)$ é *verdadeira*, onde t designa s. Até agora, discutimos as noções de fórmula representante, de designação e de substituição. Falta apenas a noção mais importante, a noção de verdade propriamente dita. Será o conjunto das fórmulas fechadas de LS que são verdadeiras em $\mathbb{HF}$ um conjunto representável? A resposta a esta questão é dada pelo teorema de Tarski. Antes de o apresentarmos, vamos primeiro analisar um paradoxo famoso da teoria de conjuntos.

Exercícios

Exercício 5.6.1 Mostre que a relação: t é termo fechado que designa o conjunto s, é Σ

5.7 Paradoxo de Russell

Durante algum tempo, a teoria de conjuntos foi tratada de modo informal. Mas Bertrand Russell (e de modo independente, E. Zermelo) descobriu que tal tratamento informal conduzia a um paradoxo devastador. É este paradoxo que vai servir para motivar a demonstração do teorema de Tarski, na próxima secção.

Por agora, vamos manter os nossos argumentos informais, recorrendo a conceitos de teoria ingénua de conjuntos, mesmo sabendo que alguns desses conceitos possam estar incorretos. Como deve ser claro, a maioria dos conjuntos não pertencem a si próprios. O conjunto dos conjuntos com três elementos não tem três elementos e, como tal, não pertence a si próprio. Um conjunto x diz-se *usual* se $x \notin x$.[1] Durante bastante tempo considerou-se como um princípio básico da teoria de conjuntos que qualquer propriedade determinava um conjunto — o conjunto das coisas que tinham essa propriedade. Uma coisa ser ou não usual é uma propriedade e, portanto, determina um conjunto: o conjunto dos conjuntos usuais. Designe-se esse conjunto por A. Ao perguntar se A é ou não um conjunto usual, descobre-se o seguinte. Como A *é* a coleção de conjuntos usuais,

$$A \text{ é usual} \quad \text{sse} \quad A \in A$$

mas por definição de usual,

$$A \in A \quad \text{sse} \quad A \text{ não é usual}$$

e, portanto,

$$A \text{ é usual} \quad \text{sse} \quad A \text{ não é usual}$$

o que é claramente impossível. A conclusão é: A não existe. A conclusão seguinte é: o princípio básico de que qualquer propriedade determina um conjunto tem que estar errado. Este paradoxo da teoria de conjuntos teve como consequências o desenvolvimento da teoria de tipos e da teoria axiomática de conjuntos. No nosso caso, um argumento análogo vai permitir obter o teorema de Tarski.

---

[1]NdT: do inglês *ordinary*.

5.8   Teorema de Tarski

O paradoxo de Russel fala de conjuntos, ou melhor, fala das ideias que nós temos acerca de conjuntos. Temos vindo a falar, até agora, de conjuntos representáveis. Vamos começar esta secção reformulando o argumento de Russel neste novo enquadramento. Suponha-se que $\varphi(v_0)$ é fórmula de *LS*. Esta fórmula representa um certo subconjunto de R_ω; denote-se esse conjunto por φ_S. Como φ é fórmula então também é conjunto, que pode ou não ser elemento de φ_S. Por exemplo, se $\varphi(v_0)$ for Fórmula(v_0) então φ_S é o conjunto das fórmulas, ao qual φ pertence. Uma fórmula diz-se *usual* se não pertencer ao conjunto que representa, à semelhança da secção anterior em que se chamou conjunto usual a um conjunto que não era elemento de si próprio. Deve agora ser óbvio como é que podemos aplicar o argumento de Russel, mas vamos primeiro formalizar estas noções.

Definição 5.8.1

1. Se $\varphi(v_0)$ é fórmula representante então φ_S é o conjunto representado por esta fórmula.

2. Uma fórmula $\varphi(v_0)$ diz-se *usual* se $\varphi \notin \varphi_S$.

Vamos mostrar que se o conjunto de fórmulas usuais fosse representável então qualquer fórmula que representasse esse conjunto seria usual se e só se não o fosse. Logo, o conjunto de fórmulas usuais não é representável (este é o primeiro exemplo de um conjunto não representável). Vamos ainda mostrar que se o conjunto das fórmulas fechadas verdadeiras de *LS* fosse representável então o conjunto das fórmulas usuais também o seria. Como tal não acontece então o conjunto das fórmulas fechadas verdadeiras não pode ser representável.

Lema A O conjunto de fórmulas usuais é não representável.

Demonstração Suponha-se que a afirmação é falsa. Seja $A(v_0)$ fórmula que representa o conjunto das fórmulas usuais. Então, A_S é o conjunto das fórmulas usuais. Uma vez que A_S é o conjunto das fórmulas usuais então, tal como no paradoxo de Russel,

$$A \text{ é usual} \quad \text{sse} \quad A \in A_S$$

mas, por definição de fórmula usual,

$$A \in A_S \quad \text{sse} \quad A \text{ não é usual}$$

e, portanto,

$$A \text{ é usual} \quad \text{sse} \quad A \text{ não é usual.}$$

Esta contradição mostra que tal fórmula não pode existir. ∎

Este lema implica que a noção de representabilidade não é representável (cf. Exercício 5.8.1). Mas conseguimos fazer melhor.

Lema B Seja $\mathcal{T}$ o conjunto das fórmulas fechadas que são verdadeiras em $\mathbb{HF}$. Se $\mathcal{T}$ fosse representável então o conjunto de fórmulas usuais também seria representável.

Demonstração O conjunto de fórmulas usuais é composto por todas as fórmulas $\varphi(v_0)$ tais que, para algum termo fechado t que designe $\varphi(v_0)$, $\varphi(t)$ não é verdadeira. Suponha-se que a fórmula $T(x)$ representa $\mathcal{T}$. Então, a fórmula seguinte representa o conjunto das fórmulas usuais: $\mathsf{Usual}(v_0) =$

$$(\exists x)(\exists t)\{\mathsf{FórmulaRepresentante}(v_0)\wedge$$
$$\mathsf{Designa}(t, v_0) \wedge (x \text{ é } v_0(t))\wedge$$
$$\neg T(x)\}.$$

■

O Lema A e o Lema B em conjunto estabelecem o teorema de Tarski para conjuntos — foi originalmente formulado acerca de números e vamos demonstrar, na Secção 5.10, uma sua versão aritmética.

Teorema 5.8.2 (Teorema de Tarski)
O conjunto das fórmulas fechadas de LS *que são verdadeiras no modelo* $\mathbb{HF}$ *não é representável.*

Exercícios

Exercício 5.8.1 Mostre que a relação: f é fórmula representante e s é elemento do conjunto que esta representa, não é representável.

5.9   Mentirosos e pontos fixos

Voltemos a examinar a demonstração do teorema de Tarski. Na abordagem seguida, utilizou-se um argumento semelhante ao do paradoxo de Russel mas, de facto, o argumento está também próximo de um paradoxo mais antigo, o paradoxo do mentiroso. Comecemos por introduzir alguma notação que nos será útil no seguimento.

Definição 5.9.1 Seja s conjunto hereditariamente finito. Denota-se por $\ulcorner s \urcorner$ um dos termos fechados de LS que designa s. Caso seja necessário, podemos assumir que $\ulcorner s \urcorner$ é o primeiro termo fechado que designa s, numa qualquer enumeração dos termos fechados.

De facto, não é relevante qual o termo fechado que se escolhe para $\ulcorner s \urcorner$, de entre todos os termos que designam s. Como neste capítulo consideramos apenas o modelo padrão então, para quaisquer dois termos fechados t e u que designem o mesmo conjunto, a fórmula $\varphi(t) \equiv \varphi(u)$ é verdadeira em $\mathbb{HF}$, para qualquer fórmula $\varphi(x)$. Em capítulos subsequentes, quando falarmos da noção de derivabilidade em diversas teorias formais, vamos sempre considerar teorias nas quais seja possível demonstrar a fórmula $\varphi(t) \equiv \varphi(u)$ quando t e u designam o mesmo conjunto. Por isso, a ambiguidade na definição de $\ulcorner s \urcorner$ é inócua.

Uma fórmula representante X, ou de forma mais elaborada, $X(v_0)$, é usual se e só se $X \notin X_S$, o que significa que $X(\ulcorner X \urcorner)$ é falsa. Suponha-se que $A(v_0)$ representava o conjunto das fórmulas usuais. Então,

$$A(\ulcorner X \urcorner) \text{ `afirma que' } X(\ulcorner X \urcorner) \text{ é falsa.}$$

Isto verifica-se para qualquer fórmula X e portanto podemos, em particular, escolher para X a fórmula A. Neste caso,

$$A(\ulcorner A \urcorner) \text{ `afirma que' } A(\ulcorner A \urcorner) \text{ é falsa.}$$

Por outras palavras, $A(\ulcorner A \urcorner)$ afirma a sua própria falsidade.

Existe um famoso paradoxo, o paradoxo do mentiroso, que remonta à Grécia antiga (pelo menos). Considere-se a seguinte afirmação:

Esta frase é falsa.

É fácil verificar que a frase anterior é verdadeira se e só se for falsa, o que é impossível. Podemos concluir que a expressão anterior não é uma frase bem formada embora na sua aparência esteja gramaticalmente correta. Se se optar por esta conclusão então segue-se que a noção de frase numa linguagem informal como o Português não é uma noção simples e bem compreendida.

Numa linguagem formal como é LS, a noção de frase (fórmula fechada) está bem definida e cada frase, para cada modelo, ou é verdadeira ou é falsa mas nunca ambas. $A(\ulcorner A \urcorner)$ afirma a sua própria falsidade, logo só poderá ser verdadeira se for falsa. Daqui, podemos concluir que $A(\ulcorner A \urcorner)$ não existe. A sua existência é imediata se o conjunto das fórmulas fechadas verdadeiras for representável. Como este conjunto não é representável então a fórmula não existe. O velho paradoxo grego foi utilizado para produzir um resultado matemático significativo.

Existe ainda outra forma de olhar para este argumento, recorrendo a um teorema de ponto fixo, o qual terá algumas consequências interessantes no Capítulo 10. A demonstração original de Gödel do seu primeiro teorema da incompletude envolvia uma construção de ponto fixo implícita. Carnap demonstrou uma versão mais geral deste resultado, tornando a construção de ponto fixo explícita, embora recorrendo sempre ao argumento de Gödel. Este resultado ficou conhecido como o *teorema do ponto fixo de Gödel*, que está diretamente relacionado com a noção de derivação num sistema formal. Existe, contudo, uma versão semântica, e que pode ser abstraída do nosso argumento baseado no paradoxo de Russel. Esta pode, por sua vez, ser utilizada de forma a obter uma outra demonstração do teorema de Tarski (ou melhor, a demonstração é a mesma, embora disfarçada).

Recorde-se a fórmula definida na demonstração do Lema B, na Secção 5.8, para representar o conjunto de fórmulas usuais. Ou melhor, esta não é uma fórmula uma vez que a fórmula $\neg T(x)$ não existe. Suponha-se que se substitui, nessa pseudofórmula, $\neg T(x)$ por $\varphi(x)$, sendo $\varphi(x)$ efetivamente uma fórmula. Designe-se a fórmula resultante por $A(v_0)$, isto é, dada uma fórmula $\varphi(x)$, define-se $A(v_0)$ como se segue:

$$A(v_0) = (\exists x)(\exists t)\{\textsf{FórmulaRepresentante}(v_0)\wedge$$
$$\textsf{Designa}(t, v_0) \wedge (x \text{ é } v_0(t))\wedge$$
$$\varphi(x)\}.$$

Ao expandir a definição, observamos que a fórmula A representa o conjunto de fórmulas representantes G tais que $G(\ulcorner G \urcorner)$ pertence ao conjunto representado por φ. Se, tal como anteriormente, φ_S denotar o conjunto representado pela fórmula φ, e A_S denotar o conjunto representado pela fórmula A, então

$$G \in A_S \quad \text{sse} \quad G(\ulcorner G \urcorner) \in \varphi_S.$$

Em particular, sendo G a fórmula A, também se obtém

$$A \in A_S \quad \text{sse} \quad A(\ulcorner A \urcorner) \in \varphi_S$$

que se pode rescrever como

$$A(\ulcorner A \urcorner) \quad \text{sse} \quad \varphi(\ulcorner A(\ulcorner A \urcorner)\urcorner)$$

ou, de forma equivalente, como afirmando que a asserção seguinte é verdadeira

$$A(\ulcorner A \urcorner) \equiv \varphi(\ulcorner A(\ulcorner A \urcorner)\urcorner).$$

Acabámos de demonstrar o resultado seguinte, em que escrevemos X em vez de $A(\ulcorner A \urcorner)$.

Teorema 5.9.2 (Teorema do ponto fixo semântico)
Seja φ fórmula com uma variável livre. Então, existe fórmula 'ponto fixo' X tal que $\varphi(\ulcorner X \urcorner) \equiv X$ é verdadeira em $\mathbb{HF}$.

O teorema do ponto fixo providencia uma segunda demonstração rápida do teorema de Tarski, ou melhor, um segundo olhar sobre a primeira demonstração. Suponha-se que o conjunto $\mathcal{T}$ das fórmulas fechadas de LS que são verdadeiras em $\mathbb{HF}$ era representável por uma fórmula $T(v_0)$. Considere-se $\varphi(v_0)$ como sendo $\neg T(v_0)$, no teorema do ponto fixo. Então, existe X tal que $\neg T(\ulcorner X \urcorner) \equiv X$. Mas como $T(v_0)$ representa $\mathcal{T}$, o conjunto de todas as fórmulas fechadas que são verdadeiras, tem que se verificar $T(\ulcorner X \urcorner) \equiv X$. Mas então, $\neg T(\ulcorner X \urcorner) \equiv T(\ulcorner X \urcorner)$, o que é claramente impossível. Conclusão: a fórmula $T(v_0)$ não existe.

5.10 Teorema de Tarski, continuação

O enunciado original do teorema de Tarski era acerca da aritmética. Aqui, demonstrámos esse resultado acerca de conjuntos. Não é difícil obter o resultado original a partir da versão aqui demonstrada. Podemos transferir a demonstração ou podemos transferir o resultado propriamente dito. Vamos esboçar ambas as alternativas nesta secção. Há, no entanto, algum trabalho prévio a realizar.

Afirmámos na Secção 5.1 que os símbolos do alfabeto de LS eram conjuntos e, a partir daqui, seguiu-se que as fórmulas de LS constituíam um Σ-subconjunto de R_ω. De modo semelhante, podemos considerar os símbolos de LA como sendo conjuntos; os detalhes são arbitrários e são deixados ao leitor. A coleção de fórmulas de LA é, também neste caso, um Σ-subconjunto de R_ω. Não é necessário explicitar todos os detalhes — basta observar que noções como a de substituição de variável por termo, e de termo fechado da aritmética designar número, são Σ-relações. Vamos assumir tudo isto no que segue. E, uma vez que as fórmulas são elementos de R_ω, todas elas têm número de Gödel. Podemos assim enunciar o teorema de Tarski, na sua forma original, transferindo a demonstração de conjuntos para números.

Teorema 5.10.1 (Teorema de Tarski)
O conjunto dos números de Gödel das fórmulas fechadas de LS *que são verdaeiras no modelo* $\mathbb{N}$ *não é representável.*

A demonstração direta deste resultado requer os análogos dos Lemas A e B, que são fáceis de estabelecer. Começamos, como seria de esperar, por modificar as definições anteriores. Uma fórmula $\varphi(v_0)$ diz-se uma *fórmula representante da aritmética* se pertencer à linguagem LA e tiver, no máximo, uma variável livre v_0. Denotamos por φ_S o conjunto representado por φ, na estrutura $\mathbb{N}$. A fórmula $\varphi(v_0)$ diz-se *usual* se $\mathcal{G}(\varphi) \notin \varphi_S$.

Lema A O conjunto dos números de Gödel das fórmulas usuais da aritmética não é representável em $\mathbb{N}$.

Demonstração Suponha-se que $A(v_0)$ é fórmula de LA que representa o conjunto dos números de Gödel das fórmulas usuais. Isto é,

$$\mathcal{G}(\varphi) \in A_S \text{ se e só se } \varphi \text{ é usual.}$$

Em seguida, prosseguimos como é anteriormente

$$A \text{ é usual } \quad \text{sse} \quad \mathcal{G}(A) \in A_S$$
$$\text{sse} \quad A \text{ não é usual.}$$

∎

Lema B Seja $\mathcal{T}$ o conjunto dos números de Gödel das fórmulas fechadas de LS que são verdadeiras em $\mathbb{N}$. Se $\mathcal{T}$ fosse representável em $\mathbb{N}$ então o conjunto das fórmulas usuais também seria representável.

Demonstração Se $\mathcal{T}$ fosse representável em $\mathbb{N}$ então $\mathcal{H}(\mathcal{T})$ era representável em $\mathbb{HF}$. (Recorde-se que $\mathcal{H}$ é a inversa da enumeração de Gödel.) Isto é, o conjunto de fórmulas fechadas verdadeiras seria representável em $\mathbb{HF}$. Suponha-se que era representado por $T(x)$. Então, tal como atrás, $\mathsf{Usual}(v_0) =$

$$(\exists x)(\exists t)\{\mathsf{FórmulaRepresentante}(v_0)\wedge$$
$$\mathsf{Designa}(t, v_0) \wedge (x \text{ é } v_0(t))\wedge$$
$$\neg T(x)\}$$

representaria as fórmulas usuais da aritmética, em $\mathbb{HF}$. (As subfórmulas têm um significado ligeiramente diferente do que foi anteriormente definido e, portanto, $\mathsf{FórmulaRepresentante}(v_0)$ representa a coleção de fórmulas representantes na linguagem LA e o mesmo se passa para $\mathsf{Designa}(t, v_0,)$ e para a substituição.) Mas então, a coleção dos números de Gödel para as fórmulas usuais seria representável em $\mathbb{N}$, de acordo com o Teorema 4.5.2. ∎

Estas versões dos Lemas A e B dão-nos o teorema de Tarski para a aritmética. De facto, a versão para conjuntos da demonstração foi alterada de modo a acomodar a versão da aritmética. Tal como observámos atrás, é também possível transferir este resultado diretamente, sem alterar as demonstrações. Esta abordagem é talvez fácil de um ponto vista conceptual — começamos por discutir a ideia principal de um modo informal, tornando tudo mais rigoroso em seguida.

Suponha-se que sabemos como testar a veracidade de fórmulas fechadas da aritmética. Então, dispomos também de um método para testar a veracidade de fórmulas fechadas de teoria de conjuntos, uma vez que dispomos de um meio para traduzir fórmulas da teoria de conjuntos em fórmulas da aritmética. Como não temos um teste de veracidade para a teoria de conjuntos então também não temos um teste de veracidade para a aritmética. É relativamente simples transformar esta ideia num argumento rigoroso, embora os detalhes possam ser bastante fastidiosos.

Mostrámos na Secção 4.4 que a representabilidade de uma relação em $\mathbb{HF}$ implicava a representabilidade da relação correspondente entre números de Gödel na aritmética. Mostrámos este facto através de um procedimento informal para converter uma fórmula de *LS* (sem símbolos de função nem símbolos de constante) numa fórmula da aritmética, cujo o efeito sobre números de Gödel era o mesmo que a fórmula original tinha sobre conjuntos. Com efeito, definimos uma função de transformação da linguagem *LA* para a linguagem *LS* que, de certo modo, preserva o significado. Seja Φ esta transformação. Se X for fórmula da teoria de conjuntos (sem símbolos de função nem símbolos de constante) então $\Phi(X)$ é fórmula da aritmética. A descrição da transformação, dada na Secção 4.4, é bastante simples e imediata e, por isso, não deve ser surpresa que possa ser capturada por uma fórmula. Mais precisamente, mostra-se que a relação $Y = \Phi(X)$ é Σ em $\mathbb{HF}$.

Adicionalmente, na Secção 3.4, apresentámos um algoritmo informal para eliminar símbolos de constante e símbolos de função das fórmulas de *LS*. Isto é, mostrámos como é que podemos transformar uma fórmula X de *LS* numa outra fórmula X' com o mesmo significado, mas sem símbolos de constante nem símbolos de função. Denote-se esta transformação por Ψ; então, se X for uma fórmula de *LS*, $\Psi(X)$ é uma fórmula com o mesmo significado mas sem símbolos de constante nem símbolos de função. Novamente, o procedimento é imediato e mostra-se que a relação $Y = \Psi(X)$ é Σ em $\mathbb{HF}$.

A demonstração rigorosa dos pontos anteriores é bastante fastidiosa, embora nenhuma delas seja surpreendente. Estas demonstrações vão ser omitidas. Mas, com estes resultados disponíveis, é fácil transferir o teorema de Tarski da teoria de conjuntos para a aritmética. Muito rapidamente, suponha-se que o conjunto de números de Gödel das fórmulas fechadas que são verdadeiras era representável em $\mathbb{N}$. Como a representabilidade de conjuntos de números é a mesma em $\mathbb{N}$ e em $\mathbb{HF}$, podemos assumir que existe uma fórmula $T(v_0)$ que representa o conjunto dos números de Gödel das fórmulas fechadas verdadeiras na aritmética, em $\mathbb{HF}$. Nestas condições, a fórmula seguinte representaria o conjunto das fórmulas fechadas verdadeiras na teoria de conjuntos:

$$(\exists x)(\exists y)[y = \Phi(v_0) \wedge x = \Psi(y) \wedge T(x)].$$

Como o conjunto das fórmulas fechadas verdadeiras da teoria de conjuntos não é representável então $T(x)$ não pode existir.

Capítulo 6

Computabilidade

6.1 A importância de ser Σ

Como vimos, uma relação ser Σ ou um conjunto ser Σ é uma noção extremamente estável. Não importa se estamos a considerar $\mathbb{N}$ or $\mathbb{HF}$, tal como não importa se estamos a considerar conjuntos ou os seus números de Gödel. Se uma relação for Σ num destes sentidos então também o será em qualquer um dos outros. Isto diz-nos que a classe de relações que estamos a considerar é uma classe natural e que esta noção é mais forte do que à primeira vista possa parecer. Nesta secção, vamos analisar o que é que queremos dizer com isto.

Vamos começar por considerar $\mathbb{HF}$ e a noção mais simples, a de Δ_0-relação. Suponha-se que φ é uma instância fechada de uma Δ_0-fórmula, isto é, foi obtida substituindo todas as variáveis livres de uma determinada Δ_0-fórmula por termos fechados. Esta fórmula fechada, φ, formula uma asserção que é tão concreta como qualquer outra asserção matemática; a veracidade de φ em $\mathbb{HF}$ pode ser determinada num número finito de passos, recorrendo a um algoritmo simples.

Se φ for uma fórmula atómica fechada então é da forma $(t\,\varepsilon\,u)$, em que t e u são termos fechados. Um termo fechado pode ser encarado como uma lista de instruções para construir um conjunto. Basta construir o conjunto descrito por u e verificar se o conjunto t aparece. Este argumento é bastante informal mas podemos torná-lo exato. Resumindo, é possível verificar a veracidade das fórmulas atómicas fechadas.

No caso de uma fórmula não atómica, recorre-se a um argumento por indução na complexidade da fórmula φ. Por exemplo, se $\varphi = \neg\psi$ então determina-se a veracidade ou não da fórmula ψ e dá-se a resposta contrária para φ. Os outros conectivos proposicionais são tratados de um modo semelhante. O caso $\varphi = (\forall x\,\varepsilon\,t)\psi(x)$ é um pouco mais complicado. O termo fechado

t designa um certo conjunto s. Cada elemento de s é, por sua vez, designado por um termo fechado; sejam t_1, t_2, ..., t_n termos fechados que designam os elementos de s. Então, basta verificar a veracidade de cada uma das fórmulas $\psi(t_1)$, $\psi(t_2)$, ..., $\psi(t_n)$ e se todas forem verdadeiras então φ também é verdadeira; caso contrário φ é falsa. Os restantes casos são tratados de modo semelhante.

Depois da discussão anterior, podemos concluir que a veracidade ou falsidade de uma instância de uma Δ_0-fórmula é determinável, algo com que até um matemático mais construtivista concordará.

No caso de instâncias fechadas de Σ-fórmulas, as coisas são um bocadinho mais complicadas: conseguimos verificar se uma fórmula é verdadeira, mas tal não é possível no caso de a fórmula ser falsa. Vamos ser mais exatos. Pelo teorema da forma normal, da Secção 3.6, basta considerar Σ_1-fórmulas. Suponha-se que $(\exists x)\varphi(x)$ é uma instância fechada de uma Σ_1-fórmula, em que $\varphi(x)$ é uma Δ_0-fórmula. A coleção de fórmulas de LS é contável, pelo que podemos, em particular, enumerar as instâncias fechadas de $\varphi(x)$, por exemplo, como $\varphi(t_0)$, $\varphi(t_1)$, $\varphi(t_2)$, ... Cada uma destas instâncias fechadas é uma Δ_0-fórmula logo podemos testar a veracidade de cada uma delas. Fazemo-lo sequencialmente, uma fórmula a seguir à outra. Se, ao longo desta pesquisa, encontrarmos algum i tal que $\varphi(t_i)$ é verdadeira então podemos parar e anunciar que $(\exists x)\varphi(x)$ é verdadeira. Em caso contrário, o nosso procedimento de teste não vai terminar. Em resumo, dispomos de um método que nos permite descobrir que $(\exists x)\varphi(x)$ é verdadeira, se esta o for, e que não termina em caso contrário. A este tipo de método chama-se um *procedimento de semidecisão*. Um procedimento de semidecisão para verificar se um elemento pertence a um conjunto ou a uma relação é um procedimento que não dá uma resposta errada (embora possa não responder de todo a algumas perguntas) e que responde corretamente que um elemento pertence a um conjunto quando, de facto, pertence.

Até agora, temos visto que as Σ-relações podem ser alvo de métodos algorítmicos, uma vez que cada uma delas dispõe de um procedimento de semidecisão. A discussão até este momento tem sido informal, mas suficientemente convincente. Agora, pretendemos mostrar que o contrário também se verifica; qualquer relação em R_ω para a qual exista um procedimento de semidecisão informal é uma Σ-relação, num sentido formal. Isto é algo que não pode ser demonstrado rigorosamente uma vez que estamos a lidar com uma noção informal e não com algo que tem uma definição clara e precisa. O melhor que vamos conseguir fazer é apelar aos conhecimentos de programação do leitor. Quase todos já devemos ter tido algum contacto com programas de computador e devemos estar familiarizados com noções como ciclos limitados por variável de contagem, ciclos limitados por guarda booleana e procedimentos recursivos. Cada uma destas noções pode ser capturada em $\mathbb{HF}$ de uma forma mais ou menos direta usando as ferramentas de Σ-representabilidade. Os ciclos limitados por variável de contagem correspondem diretamente aos quantificadores limitados em que os limites de quantificação são termos de designam números. De modo semelhante, os ciclos limitados por guarda booleana correspondem aos quantificadores existenciais não limitados. O tratamento dos procedimentos recursivos é um bocadinho mais elaborado, mas está ao nosso alcance. A utilização da recursão num programa pode ser substituída por um ciclo limitado por guarda booleana, no corpo do qual se manipula uma pilha. Tal como se disse, o tratamento dos ciclos limitado por guarda booleana é feito recorrendo a quantificadores existenciais não limitados e, pensando um pouco, também somos capazes de perceber que R_ω dispõe de tudo o que é necessário para criar representações de pilhas.

No parágrafo anterior, argumentámos, de um modo informal, que a noção de Σ-representabilidade é suficientemente forte para reproduzir programas de computador. Estes argumentos podem ser tornados mais exatos. Podemos definir modelos formais para modelar um computador e definir rigorosamente o comportamento dos programas nesses modelos. Deste modo, podemos estabelecer de forma adequada a relação entre programas e Σ-fórmulas. No entanto, isto não explica completamente as afirmações anteriores — depende de se acreditamos que qualquer algoritmo que possa ser concebido de forma intuitiva pode ser programado recorrendo a uma das linguagens de programação com as quais estamos familiarizados. A maioria das pessoas acredita que sim. Church e Turing propuseram, há muitos anos atrás, tornar uma versão desta afirmação a caracterização oficial da noção de computabilidade, a qual é quase universalmente aceite nos dias que correm.

A tese de Church–Turing, primeira versão
Uma relação $\mathcal{R}$ sobre números tem um procedimento de semidecisão se e só se $\mathcal{R}$ for Σ.

Não é esta exatamente a proposta original de Church e de Turing, mas é equivalente e suficiente para os nossos objetivos. De facto, não estamos interessados em conjuntos e relações mas sim em funções. Mas é necessário apenas um pequeno passo para passar de umas para as outras. Suponhamos que temos uma função f de números para números; em que condições é que dizemos que esta função é computável? Não exigimos que f seja total, ou seja, o domínio de f pode ser apenas uma parte de ω. Assim, de um modo informal, dizemos que f é computável se dispusermos de um algoritmo que, para cada número n, devolve $f(n)$ se n pertencer ao domínio de f e não termina no caso de n não pertencer ao domínio de f. Como é que esta ideia se relaciona com o que foi discutido atrás?

O *grafo* de uma função f é uma relação $\{\langle x, y \rangle \mid x \in \text{domínio}(f) \text{ e } y = f(x)\}$. Suponha-se agora que f é intuitivamente computável. Então, dispomos

de um procedimento de semidecisão para o grafo de f, de acordo com o que
a seguir se descreve. Suponhamos que pretendemos testar se $\langle n, k \rangle$ pertence
ao grafo de f. Começa-se a executar o algoritmo para f, de modo a calcular
$f(n)$. Se a execução terminar e a resposta for k então $\langle n, k \rangle$ pertence ao grafo.
Deste modo, dispomos de uma maneira de descobrir que a resposta é sim se
$\langle n, k \rangle$ pertencer ao grafo. Mas, no caso de n não pertencer ao domínio de f,
o algoritmo não vai terminar e, por isso, temos apenas um procedimento de
semi-decisão.

Mas este raciocínio também funciona ao contrário. Suponhamos que dispomos de um procedimento de semidecisão para o grafo de f; então dispomos
também de um algoritmo para f. Para calcular $f(n)$, inicia-se a execução do
procedimento de semidecisão para o grafo com $\langle n, 0 \rangle$. Inicia-se uma segunda
cópia do procedimento de semidecisão com $\langle n, 1 \rangle$, outra cópia com $\langle n, 2 \rangle$, e assim sucessivamente. Este cenário é possível recorrendo a uma única 'máquina'
usando uma partilha inteligente do tempo de processador. Se alguma das
execuções responder sim então conseguimos determinar o valor de $f(n)$. Se
nenhuma das execuções conseguir responder positivamente, o processo nunca
vai terminar.

A tese de Church–Turing, segunda versão
Uma função parcial f de números para números é computável se e só se o grafo
de f é Σ-representável em $\mathbb{HF}$.

Existe outra terminologia usada mais frequentemente, que apresentamos de
seguida, embora continuemos a fazer referência também a Σ-representabilidade.

- Uma relação que seja Σ-representável diz-se *recursivamente enumerável*,
  ou *semicomputável*.

- Uma função parcial de números para números cujo grafo seja Σ-represen-
  tável diz-se *recursiva (possivelmente parcial)*, ou *computável*.

Falta apenas introduzir um conceito básico, a noção de procedimento de
decisão para um conjunto ou para uma relação. Até agora, temos discutido
procedimentos de semidecisão. Estes fazem metade do trabalho. Se $s \in \mathcal{R}$ e $\mathcal{R}$
for semidecidível então podemos descobrir que s pertence a $\mathcal{R}$, mas se $s \notin \mathcal{R}$ um
procedimento de semidecisão não nos diz nada. Um procedimento de decisão
deve ser capaz de responder sim ou não. A noção de procedimento de decisão
pode ser reduzida à de procedimento de semidecisão de uma forma bastante
direta.

Suponha-se que $\mathcal{R}$ é uma relação sobre números. Vamos escrever $\overline{\mathcal{R}}$ para
denotar a relação complementar; isto é, sendo $\mathcal{R}$ uma relação n-ária então
$\overline{\mathcal{R}}$ é a coleção de todos os n-tuplos de números que não pertencem a $\mathcal{R}$. Se

dispusermos de um procedimento de decisão para $\mathcal{R}$ então também dispomos de um para $\overline{\mathcal{R}}$: basta inverter as respostas. E, como deve ser evidente, um procedimento de decisão é também ele um procedimento de semidecisão e, como tal, tanto $\mathcal{R}$ como $\overline{\mathcal{R}}$ dispõem de um procedimento de semidecisão. Mas o recíproco também se verifica. Suponha-se que tanto $\mathcal{R}$ como $\overline{\mathcal{R}}$ dispõem de um procedimento de semidecisão e pretendemos testar se $n \in \mathcal{R}$ se verifica ou não. Iniciam-se os dois procedimentos de semidecisão em simultâneo para n; um para $\mathcal{R}$ e o outro para $\overline{\mathcal{R}}$. Então, ou n é um elemento de $\mathcal{R}$ ou não é, logo, um dos procedimentos de semidecisão vai ter que terminar com a resposta sim. Executar os dois procedimentos de semidecisão em simultâneo corresponde a ter um procedimento de decisão. Assim, um conjunto diz-se *decidível* se o conjunto e o seu complementar têm ambos um procedimento de semidecisão. Uma vez mais, a outra terminologia é a usual.

- Uma relação sobre números tal que tanto a relação como a sua complementar são Σ-representáveis diz-se *recursiva*.

Expressões como recursivamente enumerável e recursivo são terminologia usual na literatura quando se fala de números. Mas, há mais uma noção que é usualmente utilizada quando se adota uma abordagem baseada em conjuntos.

- Um relação (sobre números ou conjuntos) cujo complementar seja Σ-representável diz-se uma Π-relação. Alternativamente, uma Π-relação é uma relação representada pela negação de uma Σ-fórmula.

- Uma relação que é simultaneamente Σ e Π diz-se uma Δ-relação. Assim, uma relação ser Δ é uma forma alternativa de caracterizar uma relação recursiva.

Toda a Δ_0-fórmula é também uma Σ-fórmula, e a negação de uma Δ_0-fórmula é ainda uma Δ_0-fórmula. Então, uma Δ_0-relação é também uma Δ-relação. O recíproco não se verifica, mas pode-se acrescentar algo mais. Se $\mathcal{R}$ for uma Δ_0-relação então existe uma fórmula $\varphi(x)$ que a representa e $\neg\varphi(x)$ representa o seu complementar. Neste caso, basta apresentar a Δ_0-fórmula. No entanto, se $\mathcal{R}$ for uma Δ-relação então existe uma Σ-fórmula $\varphi_1(x)$ que representa $\mathcal{R}$ e existe uma Σ-fórmula $\varphi_2(x)$ que representa o seu complementar, mas pode não existir nenhuma relação óbvia entre as duas fórmulas. A noção de Δ-fórmula não existe. (Este problema já tinha sido referido anteriormente, na demonstração do Teorema 4.4.2.)

Explicou-se acima, embora de um modo informal, porque é que ser Σ é importante. Uma função cujo grafo seja Σ é vista como sendo computável; uma relação que seja Δ é vista como tendo um procedimento de decisão. Estabelece-se assim uma relação entre a abordagem que está a ser seguida e a *teoria da*

recursão ou *teoria da computabilidade*, tal como pode ser encontrada em muitos outros livros. Como este não é um texto em teoria da recursão, as ligações
entre as noções de Σ-representabilidade e computação não foram estabelecidas de uma forma rigorosa. Isto pode, no entanto, ser feito e os resultados
correspondentes encontram-se na literatura.

Exercícios

Exercício 6.1.1 Seja f função total de números em números, isto é, cujo
domínio é ω. Mostre que se o grafo de f é Σ então o grafo de f é também Π
e, consequentemente, é Δ.

Exercício 6.1.2

1. Apresente um argumento informal para mostrar que se f é função recursiva (possivelmente parcial) então o domínio de f é recursivamente
   enumerável.

2. Apresente um argumento informal para mostrar que se $\mathcal{R}$ é recursivamente enumerável então é porque é domínio de função recursiva (possivelmente parcial).

6.2   Um conjunto Σ que não é Π

Dedicámos grande parte do Capítulo 3 a mostrar que certas relações não só
eram representáveis, mas eram também Σ-relações. De momento, não sabemos
ainda se todo esse trabalho foi real ou apenas uma ilusão. Não é de excluir
a hipótese de que todo o conjunto representável por uma fórmula seja representável por uma Σ-fórmula. Se tal fosse o caso, então grande parte do nosso
esforço teria sido desnecessário e a discussão na secção anterior perderia alguma
da sua força. Mas, de facto, há um exemplo natural de um conjunto que é representável mas não é Σ: o conjunto de todas as instâncias falsas de Σ-fórmulas
fechadas. Mais precisamente, o conjunto das instâncias falsas de Σ-fórmulas
fechadas é Π, o que significa que é representável, mas não é Σ. Então, o conjunto das instâncias verdadeiras de Σ-fórmulas fechadas é Σ mas não é Π, o
que nos fornece um exemplo de um conjunto que é recursivamente enumerável,
mas não é recursivo. Adicionalmente, encontramo-nos a tocar em algum do
trabalho de Turing sobre os fundamentos teóricos da ciência da computação.

O teorema de Tarski afirma que o conjunto das fórmulas fechadas da teoria
de conjuntos não é representável em teoria de conjuntos. Vamos replicar a
demonstração desse resultado, adaptando-o ao caso das Σ-fórmulas. Aconselha-
se a revisão de alguma da terminologia e conceitos apresentados na Secção 5.8.

Definição 6.2.1 Uma fórmula representante $\varphi(v_0)$ diz-se Σ-*usual* se for uma Σ-fórmula e $\varphi \notin \varphi_S$.

Lema A O conjunto das fórmulas Σ-usuais não é representável por Σ-fórmula.

Demonstração Suponha-se que existe Σ-fórmula $A(v_0)$ que representa o conjunto das fórmulas Σ-usuais. Então:

$$A \text{ é } \Sigma\text{-usual} \quad \text{sse} \quad A \in A_S$$
$$\text{sse} \quad A \text{ não é } \Sigma\text{-usual.}$$

Esta contradição termina o argumento. ∎

Mostra-se facilmente que uma fórmula ser Σ é um conceito Σ-representável. Deixa-se como exercício a demonstração deste resultado, que vai ser usado na demonstração seguinte.

Lema B Seja $\mathcal{F}$ o conjunto das instâncias de Σ-fórmulas que são falsas em $\mathbb{HF}$. Se $\mathcal{F}$ fosse representável por uma Σ-fórmula então o conjunto de fórmulas Σ-usuais também o seria.

Demonstração Suponha-se que $\mathcal{F}$ é representável por uma Σ-fórmula $F(X)$. Então, a fórmula seguinte representa o conjunto das fórmulas Σ-usuais:

$$(\exists x)(\exists t)\{\mathsf{FórmulaRepresentante}(v_0)\wedge$$
$$\mathsf{\Sigma\text{-}Formula}(v_0)\wedge$$
$$\mathsf{Designa}(t, v_0) \wedge (x \text{ é } v_0(t))\wedge$$
$$F(x)\}.$$

Se $F(x)$ fosse uma Σ-fórmula então a fórmula anterior também o seria. ∎

Os lemas anteriores podem ser combinados para estabelecer o resultado seguinte.

Teorema 6.2.2 *O conjunto das instâncias falsas de Σ-fórmulas não é Σ*

Mostra-se facilmente que uma fórmula fechada ser uma instância de uma Σ-fórmula é um conceito Σ. A respetiva demonstração é deixada como exercício.

Corolário 6.2.3 *O conjunto das instâncias verdadeiras de Σ-fórmulas não é Π.*

Demonstração Suponha-se que o conjunto T das instâncias verdadeiras de Σ-fórmulas era Π. Então, o conjunto complementar de T teria que ser representável por uma Σ-fórmula, por exemplo $\overline{T}(x)$. Mas, neste caso, o conjunto das instâncias falsas de uma Σ-fórmula também seria representado pela fórmula-Σ seguinte:

$$\Sigma\text{-instância}(v_0) \wedge \overline{T}(v_0).$$

■

Exercícios

Exercício 6.2.1 Mostre que o conjunto das Σ-fórmulas é Σ.

Exercício 6.2.2 Mostre que o conjunto das instâncias fechadas de Σ-fórmulas é Σ.

6.3   Σ-Verdade é Σ

Mostrámos na secção anterior que o conjunto das instâncias verdadeiras de Σ-fórmulas não é Π. Este é um resultado análogo ao teorema de Tarski. Vamos agora mostrar que, mesmo assim, este conjunto é Σ. Isto permite-nos concluir que Σ e Π são, de facto, diferentes. Mais tarde, discutiremos outras consequências.

A ideia é muito simples e resume-se basicamente a tornar rigorosa parte da discussão contida na Secção 6.1. Para clarificar as ideias, começamos pelas Δ_0-fórmulas. De um modo informal, como é que se verifica a veracidade de uma Δ_0-fórmula? Se for uma fórmula atómica, então basta aplicar um teste direto, de tipo apropriado. Se for uma conjunção, então testa-se cada uma componentes. Se for uma quantificação limitada, testa-se cada um dos casos finitos. E assim, sucessivamente. A partir desta ideia de dividir uma Δ_0-fórmula, introduz-se a noção de conjunto *descendentemente saturado*, uma noção que se deve a Hintikka, embora num contexto diferente.

Definição 6.3.1 Seja $\mathcal{S}$ conjunto de fórmulas fechadas de *LS*. $\mathcal{S}$ diz-se Δ_0-*descendentemente saturado* se se verificarem as seguintes condições:

1. se a fórmula atómica $(t\,\varepsilon\,u)$ pertence a $\mathcal{S}$ então $(t\,\varepsilon\,u)$ é verdadeira em $\mathbb{HF}$;

2. se a fórmula atómica negada $\neg(t\,\varepsilon\,u)$ pertence a $\mathcal{S}$ então $(t\,\varepsilon\,u)$ é falsa em $\mathbb{HF}$;

3. se $(X \wedge Y)$ pertence a $\mathcal{S}$ então X e Y também pertencem a $\mathcal{S}$;

4. se $\neg(X \wedge Y)$ pertence a $\mathcal{S}$ então ou $\neg X$ ou $\neg Y$ pertence a $\mathcal{S}$;

5. se $(\forall x \, \varepsilon \, t)\varphi(x)$ pertence a $\mathcal{S}$ e o termo fechado t designa o conjunto s então existe termo t_i que designa s_i, para todo o $s_i \in s$, tal que $\varphi(t_i)$ pertence a $\mathcal{S}$;

6. se $\neg(\forall x \, \varepsilon \, t)\varphi(x)$ pertence a $\mathcal{S}$ e o termo fechado t designa o conjunto s então existe termo t_i que designa s_i, para algum $s_i \in s$, tal que $\neg\varphi(t_i)$ pertence a $\mathcal{S}$.

Se $\mathcal{S}$ for um conjunto Δ_0-descendentemente saturado então cada instância de uma Δ_0-fórmula em $\mathcal{S}$ tem que ser verdadeira em $\mathbb{HF}$. Este facto pode ser demonstrado por indução na complexidade da fórmula. Assim, se X for uma instância de uma Δ_0-fórmula e se conseguirmos encontrar um conjunto Δ_0-descendentemente saturado que contenha X então podemos concluir que X é verdadeira. Mas o recíproco também se verifica: Se X for verdadeira então conseguimos verificar este facto e o conjunto de fórmulas fechadas que temos que considerar para estabelecer a veracidade de X constitui um conjunto Δ_0-descendentemente saturado. O resultado seguinte é um resumo do que se acabou de dizer.

Lema 6.3.2 *Seja X instância de uma Δ_0-fórmula de* LS. *X é verdadeira em* $\mathbb{HF}$ *se e só se $X \in \mathcal{S}$, para algum conjunto Δ_0-descendentemente saturado $\mathcal{S}$.*

Agora, é necessário encontrar uma Σ-fórmula para representar a coleção de conjuntos Δ_0-descendentemente saturados. É mais fácil fazer a construção dessa fórmula do que ler a versão de outra pessoa, pelo que se deixa como exercício encontrar tal fórmula. Assumindo que tal fórmula já foi definida, e designando o resultado por Δ_0-DescSat(v_0) obtém-se imediatamente o seguinte resultado.

Teorema 6.3.3 *O conjunto das instâncias verdadeiras de Δ_0-fórmulas é Σ.*

Demonstração A Σ-fórmula seguinte é suficiente para mostrar este facto. Δ_0-Verdade$(v_0) =$
$$(\exists s)[\Delta_0\text{-DescSat}(s) \land (v_0 \, \varepsilon \, s)].$$

∎

A extensão deste resultado a instâncias de Σ-fórmulas é simples.

Definição 6.3.4 Seja $\mathcal{S}$ um conjunto finito de fórmulas fechadas de *LS*. $\mathcal{S}$ diz-se Σ-*descendentemente saturado* se se verificarem as seguintes condições:

1. $\mathcal{S}$ é Δ_0-descendentemente saturado;

2. se $(\exists x)\varphi(x)$ pertence a $\mathcal{S}$ então $\varphi(t)$ também pertence a $(\exists x)\varphi(x)$, para algum termo fechado t.

Tal como anteriormente, é fácil verificar que uma instância de uma Σ-fórmula é verdadeira se e só se pertencer a um conjunto Σ-descendentemente saturado. Adicionalmente, a coleção de conjuntos Σ-descendentemente saturado é Σ-representável. Então, tal como no caso das Δ_0-fórmulas, obtemos o seguinte resultado, cuja demonstração é imediata e se omite.

Teorema 6.3.5 *O conjunto das instâncias verdadeiras de Σ-fórmulas é Σ.*

Combinando este resultado com o Corolário 6.2.3, obtemos o resultado seguinte.

Teorema 6.3.6 *O conjunto das instâncias de Σ-fórmulas de LS que são verdadeiras em $\mathbb{HF}$ é Σ mas não é Δ.*

Se trabalharmos com os números de Gödel para as fórmulas em vez das fórmulas propriamente ditas, este resultado transforma-se no teorema de Post — recorde-se que um conjunto de números que seja Σ se diz recursivamente enumerável e que um conjunto que seja Δ se diz recursivo.

Corolário 6.3.7 (Teorema de Post)
Existe um conjunto que é recursivamente enumerável mas que não é recursivo. Em particular, o conjunto dos números de Gödel das instâncias verdadeiras de Σ-fórmulas de LS é recursivamente enumerável mas não é recursivo.

Isto significa que existem conjuntos — que são importantes — para os quais existem procedimentos de semidecisão mas não existem procedimentos de decisão.

Exercícios

Exercício 6.3.1 Apresente uma Σ-fórmula para a coleção de conjuntos Δ_0-descendentemente saturados.

Exercício 6.3.2 Apresente uma Σ-fórmula para a coleção de conjuntos Σ-descendentemente saturados.

Exercício 6.3.3 Mostre que o conjunto dos números de Gödel das instâncias verdadeiras de Σ-fórmulas da aritmética é recursivamente enumerável mas não é recursivo.

6.4 Teorema da forma normal de Kleene

O conceito de verdade não é representável mas a verdade para instâncias de
Σ-fórmulas é, e por uma Σ-fórmula. O conceito de representabilidade não é
representável (cf. Exercício 5.8.1). Mas a representabilidade por Σ-fórmula é
representável por uma Σ-fórmula. Este facto peculiar está no centro do teorema
da forma normal de Kleene e, se observado de modo adequado, afirma que existe
uma máquina de Turing universal.

Lema 6.4.1 *Seja $\mathcal{R}$ a relação: f é fórmula representante que é Σ e s é o
conjunto representado por f. Então, $\mathcal{R}$ é Σ.*

Demonstração $\mathcal{R}(f, s)$ é representada pela Σ-fórmula:

$$\text{FórmulaRepresentante}(f) \wedge$$
$$\Sigma\text{-fórmula}(f) \wedge$$
$$(\exists t)[\text{Designa}(t, s) \wedge$$
$$(\exists x)(x \text{ é } f(t) \wedge \Sigma\text{-Verdade}(x))]$$

em que Σ-Verdade é a fórmula que resulta do Teorema 6.3.5. ∎

Na Secção 3.6, mostrámos que toda a Σ-relação era também uma Σ_1-relação,
isto é, pode ser representada por uma fórmula com um único quantificador
existencial no início, abrangendo uma Δ_0-fórmula. Ao combinar este facto
com o lema anterior, concluímos que existe uma Σ_1-fórmula que representa a
Σ-representabilidade. O resultado seguinte afirma formalmente este facto. É
uma versão do teorema da forma normal de Kleene. Tal como foi enunciado
originalmente, este resultado estava relacionado com funções computáveis e
aritmética; a versão aqui apresentada é para Σ-relações ou, de modo equivalente, para relações recursivamente enumeráveis.

Teorema 6.4.2 (Teorema da forma normal de Kleene)
*Existe fórmula $(\exists x)T(x, y, z)$, em que $T(x, y, z)$ é Δ_0, que indexa a família dos
Σ-conjuntos. Isto é, para cada conjunto $\mathcal{P}$ que seja Σ existe termo fechado f,
a que se dá o nome de índice para $\mathcal{P}$, tal que $\mathcal{P}$ é o conjunto representado por
$(\exists x)T(x, f, v_0)$.*

As consequências deste resultado são notáveis. Convém recordar que os
Σ-conjuntos são aqueles para os quais existem procedimentos de semidecisão
ou, de outra forma, são aqueles que podem ser gerados por programas de computador. O teorema da forma normal de Kleene afirma que existe um único
programa de computador, aquele que corresponde a $(\exists x)T(x, y, z)$, que é *universal*. Consegue representar qualquer Σ-conjunto, fixando um dos parâmetros,
a que se dá o nome de *índice*. Podemos pensar em $(\exists x)T(x, y, z)$ como sendo

um compilador de uma linguagem de programação, por exemplo C, juntamente com um sistema operativo, e podemos pensar nos índices como representando programas em C. O programa correspondente ao compilador/sistema operativo é universal no seguinte sentido: ao fornecer-lhe um particular programa em C obtemos o comportamento desse programa. E, claro, quer um compilador para C quer um sistema operativo podem eles próprios ser escritos em C. O teorema da forma normal de Kleene é uma formulação abstrata do que é que significa ser uma linguagem de programação universal.

Mas o teorema da forma normal de Kleene diz mais do que isto. Não só afirma a existência de uma Σ-fórmula universal para todos os conjuntos que sejam Σ, mas esta tem uma forma particularmente simples. Contém apenas um quantificador existencial não limitado; todos os outros quantificadores são limitados. Recorde-se que um quantificador limitado corresponde a um ciclo limitado por variável de contagem; um quantificador não limitado corresponde a um ciclo limitado por guarda booleana. Assim, o teorema, na sua essência, afirma que ao fazer um programa para gerar conjuntos precisamos, no máximo, de um ciclo limitado por guarda booleana, e todos os outros ciclos podem ser ciclo limitados por variável de contagem. Isto já foi estabelecido, de forma concreta, para certas linguagens de programação.

Por fim, podemos usar o teorema da forma normal para obter uma demonstração relativamente simples e direta da existência de um conjunto que é Σ mas não é Δ, o Teorema 6.3.6 (de facto, é a mesma demonstração, embora esteja disfarçada).

Seja K o conjunto representado pela fórmula $(\exists x)T(x, v_0, v_0)$. Uma vez que esta é uma Σ-fórmula então K é um Σ-conjunto. Por outro lado, se K fosse um Δ-conjunto então o seu complementar, $\overline{K}$, seria um Σ-conjunto e, pelo teorema da forma normal de Kleene, $\overline{K}$ teria que ter um índice, por exemplo f. Então, para qualquer conjunto s_0,

$$s_0 \in \overline{K} \text{ sse } (\exists x)T(x, f, s) \text{ onde } s \text{ designa } s_0.$$

Mas f designa um conjunto f_0, logo

$$f_0 \in \overline{K} \Leftrightarrow (\exists x)T(x, f, f).$$

Simultaneamente, pela definição de K,

$$(\exists x)T(x, f, f) \Leftrightarrow f_0 \in K$$

o que conduz a uma contradição e permite concluir que $\overline{K}$ não pode ser Σ.

Terminamos este assunto por aqui. Este não é um livro sobre teoria da recursão nem sobre teoria da computabilidade. Estabelecemos uma ligação entre os assuntos e explicámos porque é que a noção de ser Σ é tão importante. Vamos voltar ao nosso tema principal, após apresentarmos, na secção seguinte, as noções necessárias para o leitor poder fazer as ligações à literatura da área.

6.5 Máquinas de Turing

As máquinas de Turing são os modelos formais mais antigos daquilo a que hoje se chamam computadores digitais. O conceito de máquina de Turing precede em alguns anos o desenvolvimento do computador digital eletrónico. Existem diversas variantes das máquinas de Turing — vamos descrever uma particular versão. As máquinas de Turing podem ser programadas para calcular *funções*: dado um valor de entrada, o resultado é calculado. Alternativamente, podem ser programadas de forma a serem reconhecedores de linguagens: dada uma palavra, ou é aceite ou não é. Vamos descrever a utilização de máquinas de Turing como reconhecedores de linguagens.

Pense-se numa máquina de Turing como tendo uma fita infinita — infinita para a direita, mas com a extremidade esquerda fixa. A fita encontra-se dividida em quadrados e em cada quadrado apenas se pode colocar um símbolo. Por questões de conveniência, poderemos falar no símbolo no quadrado 0, no quadrado 1, e assim por diante. No entanto, esta numeração dos quadrados não faz parte da definição formal da máquina.

Vamos ter um alfabeto com apenas três símbolos, '0', '1', o o símbolo branco, que se denota por '*b*'. (outras escolhas teriam sido possíveis e são usuais em teoria de autómatos.) Quando uma *execução* de uma máquina de Turing se inicia, assume-se que foi escrita na fita uma sequência finita de 0's e 1's, começando na extremidade esquerda e que os restantes quadrados se encontram em branco.

Associado a uma máquina de Turing existe também um conjunto finito de *estados*. Considere-se o conjunto de estados como uma memória de curta duração. Em cada instante, a máquina encontra-se exatamente num estado. Assume-se ainda um estado designado a que se dá o nome de *início*.

Parte da maquinaria de uma máquina de Turing consiste numa *cabeça de leitura/escrita*. Esta lê um quadrado da fita de cada vez. Depois de analisar o símbolo que está na fita pode escrever um símbolo e, em seguida, deslocar-se para a esquerda ou para a direita, um quadrado de cada vez. Segue-se uma figura que descreve as ideias apresentadas.

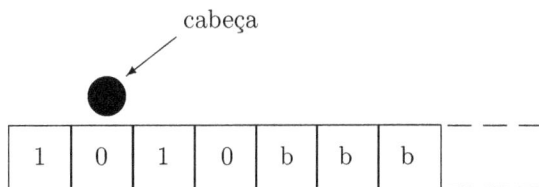

| 1 | 0 | 1 | 0 | b | b | b |

estado = s_2

Nesta figura, a cabeça da máquina está a ler o quadrado número 1 (começa-se a numerar os quadrados da esquerda para a direita, começando em 0), lê o número 0 e está no estado s_2. A fita contém a palavra 1010 seguida de brancos.

Um *programa* para uma máquina de Turing consiste numa sequência de instruções de um dos tipos seguintes.

Escrever e Deslocar Se a cabeça lê o símbolo x e está no estado s, a cabeça deverá escrever o símbolo x', deslocar-se um quadrado para a esquerda ou para a direita, e ir para o estado s'.

Parar Se a cabeça lê o símbolo x e está no estado s, então pára.

Um dos símbolos que pode ser escrito é o símbolo branco e, consequentemente, uma máquina de Turing consegue apagar. Uma instrução do segundo tipo diz-se uma *instrução de paragem*. Tem que existir pelo uma instrução de paragem num programa.

Uma instrução que não seja de paragem é representada pela seguinte notação abreviada, que se apresenta recorrendo a um exemplo:

$$0, s_2 \to 1, s_3, E.$$

Esta instrução corresponde a: se a cabeça ler 0 e a máquina estiver no estado s_2 então substitui o símbolo 0 por 1, passa para o estado s_3 e desloca a cabeça um quadrado para a esquerda. De modo semelhante, uma instrução de paragem é representada como a seguir se ilustra, novamente através de um exemplo:

$$1, s_3 \to \text{pára.}$$

Esta instrução corresponde a: se a cabeça ler 1 e a máquina estiver no estado s_3 então pára.

Para cada instrução, chama-se *condição* ao lado esquuerdo da seta e *ação* ao lado direito. Dizemos que a condição é *satisfeita* se a cabeça estiver a ler o símbolo indicado e se a máquina estiver no estado dado pela condição. Dizemos que uma ação é *executada* se o símbolo original for substituído pelo novo símbolo indicado na instrução, o estado mudar para o novo estado e a cabeça se deslocar para a esquerda ou para a direita, conforme indicado na instrução. No caso de uma instrução de paragem, a execução da ação corresponde a parar a máquina. Dado um conjunto de instruções S e uma palavra w escrita na fita, uma *execução* de uma máquina de Turing define-se como se segue. A máquina começa com a cabeça no quadrado mais à esquerda da fita, e no estado *início*. Depois, segue-se um passo de cada vez: se a máquina ainda não tiver parado, procura uma condição que seja satisfeita e executa a ação correspondente.

Seguem-se alguns comentários. Se a cabeça está no extremo esquerdo da fita e uma ação solicita a sua deslocação para a esquerda, adotamos a convenção de que a cabeça não se move. Se, num dado momento da computação, não existe nenhuma instrução cuja condição se verifique então é como se a máquina entrasse num ciclo infinito. Acima define-se uma noção computação *não determinista* — num dado momento da computação pode existir mais do que uma instrução cuja condição seja satisfeita. Neste caso, escolhe-se arbitrariamente uma dessa instruções. Podíamos ter optado por definir uma máquina de Turing determinista, de modo a que tal escolha nunca surgisse. Mostra-se que as máquinas de Turing deterministas conseguem simular as máquinas de Turing não determinsitas, embora as execuções sejam maiores. Assim, no nosso caso, exigir que a máquina seja determinista não é relevante — adotámos a versão não determinista porque é mais simples de descrever. No entanto, a escolha entre máquinas deterministas e não deterministas é pertinente quando se pretende analisar a *complexidade* de uma execução.

Vamos considerar que uma máquina de Turing M é especificada por um conjunto finito de estados S, um dos quais é o estado *início*, e por um conjunto finito de instruções I. Dizemos que a máquina M *aceita* uma palavra finita w constituída por 0's e 1's se, ao escrevermos a palavra w na fita a partir da posição mais à esquerda, colocarmos a cabeça da máquina sobre a posição mais à esquerda da fita, e colocarmos a máquina no estado inicial então pelo menos uma execução da máquina termina. (Note-se que se exige que exista *pelo menos uma* execução que termina por causa do não determinismo. Nem todas as execuções terão que parar, mas a palavra será aceite se pelo menos uma parar.)

A verificação de aceitação é um procedimento de *semi*decisão. Uma palavra é aceite se a máquina de Turing parar, algo que conseguimos determinar desde que a máquina execute um número de passos suficiente. No caso da máquina não terminar, então não aceitamos a palavra. Mas não há um número de passos suficiente que permita decidir que a máquina não termina.

Podemos recorrer a uma máquina de Turing para aceitar *números*. Uma máquina aceita o número n se terminar quando iniciada com uma representação de n na base 2 na fita.

Segue-se um exemplo. Neste caso, a máquina tem três estados $\{início, z, n\}$. (Considere-se o estado z como representando a situação em que "estamos à procura de zeros" e o estado n como um estado que "não serve".) As instruções encontram-se descritas a seguir.

$$
\begin{array}{lcl}
0, \textit{início} & \to & 0, n, D \\
1, \textit{início} & \to & 1, z, D \\
0, z & \to & 0, z, D \\
b, z & \to & \textit{pára} \\
1, z & \to & 1, n, D \\
0, n & \to & 0, n, D \\
1, n & \to & 1, n, D \\
b, n & \to & b, n, D
\end{array}
$$

Apresentam-se em seguida dois exemplos de utilização deste programa. Nestes, apresenta-se o conteúdo da fita, isto é, os símbolos que lá se encontram, a partir da posição mais à esquerda, e omitindo os símbolos brancos. A posição que está a ser lida pela cabeça encontra-se sublinhada. O estado encontra-se descrito na coluna da direita. O primeiro exemplo mostra que o número 4 (em notação binária, 100) é aceite.

$$
\begin{array}{ll}
\underline{1}00bb\ldots & \textit{início} \\
1\underline{0}0bb\ldots & z \\
10\underline{0}bb\ldots & z \\
100\underline{b}b\ldots & z \\
\textit{pára} &
\end{array}
$$

O segundo exemplo mostra que o número 5 (em notação binária, 101) não é aceite — a máquina não termina.

$$
\begin{array}{ll}
\underline{1}01bb\ldots & \textit{início} \\
1\underline{0}1bb\ldots & z \\
10\underline{1}bb\ldots & z \\
101\underline{b}b\ldots & n \\
101b\underline{b}\ldots & n \\
\quad\vdots & \vdots
\end{array}
$$

Desafiamos agora o leitor a experimentar alguns exemplos — esta máquina aceita os números que são potências de 2. Note-se que a máquina não altera símbolos — em resumo, não escreve.

Facto elementar Para cada máquina de Turing, o conjunto de números aceites é Σ.

Com um pouco mais de trabalho, demonstra-se um resultado mais forte, enunciado abaixo. Suponha-se que representamos, de alguma forma, cada instrução de uma máquina de Turing por um conjunto. Podemos, por exemplo, proceder do modo seguinte. Os estados $\{s_0, s_1, \ldots, s_n\}$ são os inteiros não negativos $\{0, 1, \ldots, n\}$; E e D são 0 e 1, respetivamente. Assim, podemos pensar uma instrução, tal como $0, s_4 \to 1, s_5, D$, como sendo $\langle 0, 4, 1, 5, 1 \rangle$. Nestas condições, um programa de uma máquina de Turing é simplesmente um conjunto.

Facto ainda mais elementar A relação binária seguinte é uma relação-Σ: n pertence ao conjunto aceite por uma máquina de Turing com programa S.

Exercícios

Exercício 6.5.1 Demonstre o "Facto ainda mais elementar" enunciado acima. (longo)

Exercício 6.5.2 Apresente um conjunto de instruções para um máquina de Turing duplicar uma palavra. Pretende-se que a máquina comece com um símbolo branco seguido de uma palavra S constituída por 0's e 1's e termine com um símbolo branco, seguido de S, seguido de outro símbolo branco, seguido de outra cópia de S.

Exercício 6.5.3 Considere, em vez da notação binária, a representação do número n pela sequência $011\ldots1$ constituída por uma ocorrência do símbolo 0 seguido de n ocorrências do símbolo 1. Defina uma máquina de Turing que calcula a função 'dobro'. Se a máquina começar com uma representação de n na fita, deverá terminar com uma representação de $2 * n$ na fita.

Exercício 6.5.4 Apresente um conjunto de instruções para uma máquina de Turing calcular a função sucessor em binário. Pretende-se que a máquina comece com um símbolo branco seguido de uma representação do número em base 2 escrita na fita e termine com um símbolo branco seguido da representação em base 2 do número seguinte. Considere que a única representação em base 2 que começa em 0 é a representação de 0.

Capítulo 7

Axiomática

7.1 Introdução

Este livro é acerca de verdade matemática, derivações formais e em que medida é que a primeira noção é capturada pela segunda. Mas, até agora, apenas se discutiu a noção de verdade — verdade nas estruturas padrão da aritmética e da teoria de conjuntos finitos. Chegou a altura de introduzir a noção de derivação. Mesmo neste caso, é útil começar pela semântica. Tarski definiu uma noção de consequência lógica que é bastante intuitiva e que é adotada como padrão hoje em dia. Esta é uma noção semântica e a sua definição recorre à noção de modelo. No entanto, mostra-se que esta ideia semântica é a face oposta de uma construção puramente sintática, que é a noção de derivação a partir de um conjunto de axiomas. Este resultado é o teorema da completude de Gödel. Assim, a nossa questão fundamental passa a ser: será que conseguimos encontrar um conjunto de axiomas 'apropriado', a partir do qual se consigam derivar as verdades da aritmética, ou da teoria de conjuntos? A resposta a esta pergunta fundamental irá ser dada em capítulos subsequentes. Neste capítulo, vamos estabelecer as fundações introduzindo as noções de *derivação*, de *teoria*, e de *teoria formal*.

7.2 Verdade em modelos

Dissemos na Secção 2.4 o que é que significa uma fórmula fechada ser verdadeira num modelo *canónico*. O recurso a modelos canónicos simplifica um pouco as noções. O problema central são os quantificadores. A fórmula $(\forall x)\varphi(x)$ é verdadeira num modelo desde que $\varphi(x)$ seja verdadeira para cada coisa no domínio do modelo. Se cada uma dessas coisas tiver um nome, podemos dizer

91

simplesmente que $(\forall x)\varphi(x)$ é verdadeira se $\varphi(t)$ for verdadeira para cada nome, isto é, para cada termo fechado t. Mas, se existir no modelo pelo menos um item, por exemplo m, que não é designado por nenhum termo fechado como é que podemos afirmar a veracidade de $\varphi(x)$ se x tiver o valor m? Para resolver este problema precisamos de uma peça adicional, a noção de *atribuição*, que não foi necessária no caso dos modelos canónicos. (A designação *valoração* também é, por vezes, utilizada.)

Definição 7.2.1 Seja $L(\mathbf{R}, \mathbf{F}, \mathbf{C})$ linguagem de primeira ordem e $\mathcal{M} = \langle \mathcal{D}, \mathcal{I} \rangle$ modelo para esta linguagem (cf. Definição 2.3.1). Uma *atribuição* em $\mathcal{M}$ é uma aplicação $\mathcal{A}$ do conjunto de variáveis da linguagem no domínio $\mathcal{D}$ do modelo. Escrevemos $x^{\mathcal{A}}$ para denotar a imagem da variável x relativamente à atribuição $\mathcal{A}$.

Com um modelo e uma atribuição podemos definir o significado de qualquer termo, mesmo no caso de este conter variáveis. No caso da interpretação das variáveis, usamos a atribuição e, em caso contrário, a interpretação dos termos é tal como foi definida na Definição 2.3.2.

Definição 7.2.2 Sejam $L(\mathbf{R}, \mathbf{F}, \mathbf{C})$ linguagem, $\mathcal{M} = \langle \mathcal{D}, \mathcal{I} \rangle$ modelo para a linguagem e $\mathcal{A}$ atribuição neste modelo. A interpretação de um termo t, fechado ou não, denotada por $t^{\mathcal{M}, \mathcal{A}} \in \mathcal{D}$, define-se da seguinte forma:

1. para cada símbolo de constante c, seja $c^{\mathcal{M}, \mathcal{A}} = c^{\mathcal{I}}$;

2. para cada variável x, seja $x^{\mathcal{M}, \mathcal{A}} = x^{\mathcal{A}}$;

3. para cada símbolo de função f de aridade n, e termos $t_1, \ldots, t_n$, seja $[f(t_1, \ldots, t_n)]^{\mathcal{M}, \mathcal{A}} = f^{\mathcal{I}}(t_1^{\mathcal{M}, \mathcal{A}}, \ldots, t_n^{\mathcal{M}, \mathcal{A}})$.

Torna-se agora fácil atribuir um valor de verdade a uma fórmula arbitrária, fechada ou não, em qualquer modelo, canónico ou não, mas relativamente a uma atribuição de valores às variáveis. A definição seguinte é uma alteração à Definição 2.4.1.

Definição 7.2.3 Sejam $L(\mathbf{R}, \mathbf{F}, \mathbf{C})$ linguagem, $\mathcal{M} = \langle \mathcal{D}, \mathcal{I} \rangle$ modelo para a linguagem e $\mathcal{A}$ atribuição neste modelo. A fórmula atómica (não necessariamente fechada) $P(t_1, \ldots, t_n)$ é verdadeira em $\mathcal{M}$ relativamente à atribuição $\mathcal{A}$ se o tuplo $\langle t_1^{\mathcal{M}, \mathcal{A}}, \ldots, t_n^{\mathcal{M}, \mathcal{A}} \rangle$ de aridade n pertence à relação $P^{\mathcal{I}}$.

Esta noção pode ser estendida a fórmulas não atómicas, após uma definição preliminar muito simples.

Definição 7.2.4 Seja x variável. Duas atribuições dizem-se x-*equivalentes* se atribuírem o mesmo valor a todas as variáveis exceto, eventualmente, à variável x.

A definição seguinte é uma alteração à Definição 2.4.2.

Definição 7.2.5 Sejam novamente $L(\mathbf{R}, \mathbf{F}, \mathbf{C})$ linguagem, $\mathcal{M} = \langle \mathcal{D}, \mathcal{I} \rangle$ modelo para a linguagem e $\mathcal{A}$ atribuição neste modelo. O valor de verdade de uma fórmula de L, no modelo $\mathcal{M}$, relativamente à atribuição $\mathcal{A}$, define-se recursivamente como se segue:

1. o caso das fórmulas atómicas já foi tratado na Definição 7.2.3;

2. $(A \wedge B)$ é verdadeira em $\mathcal{M}$ relativamente a $\mathcal{A}$ se A e B o forem;

3. $(A \vee B)$ é verdadeira em $\mathcal{M}$ relativamente a $\mathcal{A}$ se A ou B o forem;

4. $(A \supset B)$ é verdadeira em $\mathcal{M}$ relativamente a $\mathcal{A}$ se A não for verdadeira ou B for verdadeira;

5. $\neg A$ é verdadeira em $\mathcal{M}$ relativamente a $\mathcal{A}$ se A não o for;

6. $(\forall x)\varphi(x)$ é verdadeira em $\mathcal{M}$ relativamente a $\mathcal{A}$ se $\varphi(x)$ for verdadeira em $\mathcal{M}$ relativamente a toda a atribuição $\mathcal{B}$ x-equivalente a $\mathcal{A}$;

7. $(\exists x)\varphi(x)$ é verdadeira em $\mathcal{M}$ relativamente a $\mathcal{A}$ se $\varphi(x)$ é verdadeira em $\mathcal{M}$ relativamente a alguma a atribuição $\mathcal{B}$ x-equivalente a $\mathcal{A}$.

Não é difícil concluir que se duas atribuições $\mathcal{A}$ e $\mathcal{B}$ concordarem em todas as variáveis livres de uma fórmula φ então o valor de φ num modelo $\mathcal{M}$ relativamente a $\mathcal{A}$ e a $\mathcal{B}$ vai ser o mesmo. Como consequência, o valor das fórmulas fechadas é independente da escolha da atribuição.

Definição 7.2.6 Uma fórmula fechada φ é *verdadeira* num modelo $\mathcal{M}$ desde que φ seja verdadeira em $\mathcal{M}$ relativamente a uma atribuição (ou a todas) $\mathcal{A}$.

Após esta definição, podemos finalmente apresentar a noção de que temos andando à procura, a noção de consequência lógica a partir de conjunto de fórmulas fechadas, ou de axiomas. No que se segue, assume-se que se está sempre a utilizar uma mesma linguagem fixa.

Definição 7.2.7 Sejam S conjunto de fórmulas fechadas e φ fórmula fechada. Dizemos que φ é *consequência lógica* do conjunto S, o que se denota por $S \models \varphi$, se φ for verdadeira em todos os modelos nos quais todas as fórmulas de S também são verdadeiras.

Exercícios

Exercício 7.2.1 Uma fórmula fechada diz-se *válida* se for uma consequência lógica do conjunto vazio. De forma equivalente, uma fórmula fechada diz-se válida se for verdadeira em todos os modelos (para a linguagem da fórmula). Quais das seguintes fórmulas são válidas?

1. $(\forall x)(P(x) \supset Q(x)) \supset ((\forall x)P(x) \supset (\forall x)Q(x))$

2. $(\forall x)(P(x) \vee Q(x)) \supset ((\forall x)P(x) \vee (\forall x)Q(x))$

3. $(\exists x)(\forall y)R(x,y) \supset (\forall y)(\exists x)R(x,y)$

4. $(\forall x)(\exists y)R(x,y) \supset (\exists y)(\forall x)R(x,y)$

Exercício 7.2.2 Se $\mathcal{M}$ é modelo canónico então existem duas noções de verdade para fórmulas fechadas. Mostre que estas coincidem.

7.3 Derivação

A noção de consequência lógica está de acordo com a nossa intuição — parece ser o que a noção deveria ser. Mas esta noção não é construtiva. A definição faz referência a todos os modelos e a coleção de todos os modelos é demasiado grande para ser um conjunto, no sentido técnico de conjunto no tratamento formal da teoria de conjuntos. Felizmente, Gödel mostrou que esta noção é equivalente a uma outra noção, com um estilo mais construtivo, que é a noção de *derivação*. Em traços gerais, uma derivação de φ a partir de um conjunto S é uma sequência finita de fórmulas fechadas, construída de acordo com regras sintáticas simples, que começa com elementos de S e termina em φ. O que Gödel mostrou foi que se utilizarmos uma certa família de regras então φ é uma consequência lógica de S se e só se φ tem uma derivação a partir de S. Desde o trabalho inicial de Gödel que têm sido propostas muitas outras famílias de regras possuindo esta propriedade — uma combinação de *correção* e *completude*. Não vamos demonstrar o resultado de Gödel; existem muitos livros sobre o assunto nos quais é possível encontrar uma demonstração. Mas vamos apresentar um esboço de um sistema correto e completo, para efeitos de referência futura, e porque nos vai permitir estabelecer alguns factos fundamentais acerca da noção de consequência, os quais vão ser necessários posteriormente.

Há um assunto prévio que precisa de ser considerado antes de apresentar os detalhes principais. Alguns sistemas de derivação permitem a utilização de fórmulas arbitrárias, enquanto outros não o permitem. Optámos por utilizar um sistema que não permite a utilização de fórmulas arbitrárias; apenas podemos usar fórmulas fechadas na derivação. Neste caso, vai ser necessário acrescentar símbolos de constante adicionais à linguagem, para serem usados apenas nas derivações. Este é um fenómeno bem conhecido em matemática informal. Suponha-se que estabelecemos, através de um argumento informal, que algo tem a propriedade P. Então, podemos dizer "seja c o nome de algo que tem a propriedade P." Claro que c não pode ter nenhuma restrição anterior — de facto, introduzimos uma nova constante neste ponto. Assim, para este efeito, vamos estender a linguagem com símbolos de constante novos, a que se dá o nome de *parâmetros*, para serem usados nas derivaçõess.

Definição 7.3.1 Seja $L = L(\mathbf{R}, \mathbf{F}, \mathbf{C})$ linguagem. Então $L^{\mathbf{par}}$ é uma extensão de L que contém um conjunto infinito de símbolos de constante adicionais, a que se dá o nome de *parâmetros*. Assim, $L^{\mathbf{par}} = L(\mathbf{R}, \mathbf{F}, \mathbf{C} \cup \mathbf{P})$, em que $\mathbf{P}$ é infinito e novo.

Podemos agora apresentar o sistema de derivação que vamos utilizar. Por uma questão de simplicidade, vamos apenas considerar os conectivos $\neg$ e $\supset$ como primitivos, assumindo que os outros podem ser definidos por abreviatura. De igual modo, também consideramos apenas como primitivo o quantificador $\forall$, assumindo que o quantificador $\exists$ pode ser definido por abreviatura. As regras surgem sob duas formas. Uma da formas diz que certas fórmulas fechadas se designam por *axiomas lógicos*. A outra diz que certas fórmulas se obtêm de outras, a que se dá o nome de *regras de inferência*. Começamos pela primeira forma.

Axiomas esquema proposicionais Todas as fórmulas fechadas de $L^{\mathbf{par}}$ da seguinte forma são axiomas:

1. $(X \supset (Y \supset X))$,

2. $((X \supset (Y \supset Z)) \supset ((X \supset Y) \supset (X \supset Z)))$,

3. $((\neg Y \supset \neg X) \supset ((\neg Y \supset X) \supset Y))$.

Axioma esquema de primeira ordem Se t for um termo fechado de $L^{\mathbf{par}}$ então todas as fórmulas fechadas de $L^{\mathbf{par}}$ da seguinte forma são axiomas:

$(\forall x)\varphi(x) \supset \varphi(t)$.

As fórmulas com a forma descrita acima são os únicos axiomas lógicos. Seguem-se as regras de inferência.

Modus ponens A fórmula fechada Y obtém-se das fórmulas fechadas X e $(X \supset Y)$, ou, de forma esquemática:

$$\frac{X \quad (X \supset Y)}{Y}$$

Generalização universal A fórmula fechada $(\Phi \supset (\forall x)\varphi(x))$ obtém-se da fórmula fechada $(\Phi \supset \varphi(c))$, desde que c seja um parâmetro que não ocorre em Φ ou em $\varphi(x)$. De forma esquemática,

$$\frac{(\Phi \supset \varphi(c))}{(\Phi \supset (\forall x)\varphi(x))}$$

desde que c seja um parâmetro que não ocorre na conclusão.

Com isto, terminamos os conceitos preliminares. Vamos agora ao assunto principal.

Definição 7.3.2 Seja S conjunto de fórmulas fechadas de L. Uma *derivação* a partir de S é uma sequência finita de fórmulas fechadas de L^{par} em que cada uma destas fórmulas fechadas ou é um elemento de S, ou é um axioma lógico, ou resulta de linhas anteriores por aplicação das regras de inferência. Uma fórmula fechada X de L diz-se *derivável* a partir de S se existir uma derivação a partir de S cuja última linha seja X.

Note-se que as fórmulas fechadas de L são deriváveis mas podemos usar as fórmulas fechadas de L^{par} na derivação. Encontram-se, em muitos outros livros, exemplos de utilização deste sistema de derivação, ou de sistemas semelhantes. Encontra-se também o resultado fundamental, que a seguir se enuncia sem se demonstrar.

Teorema 7.3.3 (Teorema da completude de Gödel)
$S \models X$ *se e só se* X *é derivável a partir de* S.

7.4   Igualdade

Suponha-se que estamos a usar uma linguagem que contém um símbolo $\approx$ com o propósito de representar a igualdade. Podemos perguntar o que é que temos que assumir acerca deste símbolo de relação de modo a ter a certeza que este, de facto, representa a relação de igualdade. A resposta é bem conhecida e, mais uma vez, os detalhes podem ser encontrados num dos muitos livros sobre o assunto. Vamos apresentar apenas o estritamente necessário.

As propriedades essenciais da igualdade são que esta seja uma relação de equivalência e a possibilidade de substituir iguais por iguais. Não é difícil mostrar que, na presença da substituição de iguais, apenas é necessário considerar a propriedade reflexiva das relações de equivalência; as propriedades de transitividade e de simetria conseguem-se derivar. Assim, consideramos as seguintes propriedades essenciais.

Condição de reflexividade $(\forall x)(x \approx x)$.

Condições para a substituição de iguais

1. Se f é símbolo de função de L de aridade n,
$$(\forall x_1) \ldots (\forall x_n)(\forall y_1) \ldots (\forall y_n)\{[(x_1 \approx y_1) \wedge \ldots \wedge (x_n \approx y_n)] \supset$$
$$f(x_1, \ldots, x_n) \approx f(y_1, \ldots, y_n)\}$$

2. Se P é símbolo de relação de L de aridade n,
$$(\forall x_1) \ldots (\forall x_n)(\forall y_1) \ldots (\forall y_n)\{[(x_1 \approx y_1) \wedge \ldots \wedge (x_n \approx y_n)] \supset$$
$$[P(x_1, \ldots, x_n) \supset P(y_1, \ldots, y_n)]\}.$$

As condições para a substituição foram enunciadas apenas para símbolos de função e para símbolos de relação mas mostra-se que se conseguem estabelecer condições semelhantes para termos arbitrários e fórmulas arbitrárias. Isto é, consegue-se mostrar o seguinte resultado.

Proposição 7.4.1 *Seja L linguagem com um símbolo de relação binário $\approx$ e seja $\mathcal{E}$ a coleção de fórmulas composta pela condição de reflexividade e pelas condições de substituição de iguais para L. Então:*

1. *Se $t(x_1, \ldots, x_n)$ for termo arbitrário de L com x_1, $\ldots$, x_n livres,*
$$\mathcal{E} \models (\forall x_1) \ldots (\forall x_n)(\forall y_1) \ldots (\forall y_n)\{[(x_1 \approx y_1) \wedge \ldots \wedge (x_n \approx y_n)]$$
$$\supset t(x_1, \ldots, x_n) \approx t(y_1, \ldots, y_n)\}.$$

2. *Se $\varphi(x_1, \ldots, x_n)$ for fórmula arbitrária de L com x_1, $\ldots$, x_n livres,*
$$\mathcal{E} \models (\forall x_1) \ldots (\forall x_n)(\forall y_1) \ldots (\forall y_n)\{[(x_1 \approx y_1) \wedge \ldots \wedge (x_n \approx y_n)]$$
$$\supset [\varphi(x_1, \ldots, x_n) \supset \varphi(y_1, \ldots, y_n)]\}.$$

Definição 7.4.2 Um modelo $\mathcal{M}$ para uma linguagem L com símbolo de igualdade $\approx$ diz-se *normal* se $\approx$ for interpretado em $\mathcal{M}$ como a relação de igualdade no domínio do modelo. Dizemos que um conjunto de fórmulas fechadas *satisfaz as condições da igualdade* se a condição de reflexividade e as condições para a substituição de iguais forem consequências lógicas de (ou de modo equivalente, forem deriváveis a partir de) S.

O teorema da completude de Gödel tem a seguinte extensão, que também se deve a Gödel.

Teorema 7.4.3 *Seja L linguagem com símbolo de igualdade $\approx$, e sejam X fórmula fechada e S conjunto de fórmulas fechadas de L. Se S satisfazer as condições de igualdade então as seguintes afirmações são equivalentes:*

1. *$S \models X$,*

2. X é verdadeira em todo modelo normal no qual os elementos de S também sejam verdadeiros.

Assim, a satisfação das condições de igualdade é precisamente aquilo que é necessário para garantir que um símbolo de relação $\approx$ que se pretende que represente a igualdade de facto o faça.

Até agora, a discussão tem-se centrado em torno de LA, que tem um símbolo $\approx$ destinado a representar a igualdade. O que é que se pode afirmar acerca de LS, que não tem esse símbolo. Usualmente, em teoria de conjuntos, dois conjuntos dizem-se iguais se tiverem a mesma extensão. Assim, vamos assumir que $x \approx y$ é uma abreviatura da fórmula $(\forall z\,\varepsilon\,x)(z\,\varepsilon\,y) \wedge (\forall z\,\varepsilon\,y)(z\,\varepsilon\,x)$ e vamos exigir que satisfaça as condições adequadas. Isto é, vamos estender a Definição 7.4.2.

Definição 7.4.4 Seja L linguagem e suponha-se que existe uma fórmula designada de L com duas variáveis livres, a qual se abrevia por $(x \approx y)$, e que se pretende que represente a igualdade. Um modelo $\mathcal{M}$ para esta linguagem diz-se normal desde que $(x \approx y)$ seja verdadeira em $\mathcal{M}$ relativamente a uma atribuição $\mathcal{A}$ se e só se $\mathcal{A}(x) = \mathcal{A}(y)$. Um conjunto S de fórmulas fechadas de L verifica as condições de igualdade se a condição de reflexividade e as condições de substituição forem consequências de S, em que se entendem as ocorrências de $(x \approx y)$ como ocorrências da fórmula designada.

Com esta definição, o Teorema 7.4.2 continua a verificar-se. Isto permite-nos tratar LS, com a igualdade definida, da mesma forma que LA, onde a igualdade é primitiva.

7.5   Teorias

Torna-se conveniente dar nome à coleção de consequências lógicas de um conjunto de fórmulas fechadas; utiliza-se usualmente a designação de *teoria*.

Definição 7.5.1 Seja $\mathcal{A}$ conjunto de fórmulas fechadas de L. Ao conjunto de consequências lógicas de $\mathcal{A}$ na linguagem L dá-se o nome de *teoria de $\mathcal{A}$* e denota-se por *Teoria*$(\mathcal{A})$. Um conjunto $\mathcal{B}$ é uma *teoria* se $\mathcal{B} = $ *Teoria*$(\mathcal{A})$ para algum conjunto $\mathcal{A}$.

Então, por definição e recorrendo ao teorema da completude de Gödel, as afirmações seguintes são equivalentes:

1. $\mathcal{A} \models X$,

2. $X \in$ *Teoria*$(\mathcal{A})$,

3. X é derivável a partir de $\mathcal{A}$.

Em geral, referimo-nos aos elementos de $\mathcal{A}$ como *axiomas* para $Teoria(\mathcal{A})$. O conjunto de axiomas para uma teoria não é único, isto é, $Teoria(\mathcal{A}) = Teoria(\mathcal{B})$ não implica $\mathcal{A} = \mathcal{B}$.

A proposição seguinte resume os factos básicos acerca de teorias e suas axiomatizações. A demonstração é deixada como exercício.

Proposição 7.5.2 *Sejam $\mathcal{A}$ e $\mathcal{B}$ conjuntos de fórmulas fechadas. Então:*

1. $\mathcal{A} \subseteq Teoria(\mathcal{A})$.

2. $\mathcal{A} \subseteq Teoria(\mathcal{B})$ *implica* $Teoria(\mathcal{A}) \subseteq Teoria(\mathcal{B})$.

3. $\mathcal{A} \subseteq \mathcal{B}$ *implica* $Teoria(\mathcal{A}) \subseteq Teoria(\mathcal{B})$.

4. $Teoria(Teoria(\mathcal{A})) = Teoria(\mathcal{A})$.

Pela última propriedade da proposição anterior, $Teoria(\mathcal{A})$ é também um conjunto de axiomas para $Teoria(\mathcal{A})$. O resultado seguinte é uma fonte rica, embora nem sempre interessante, de teorias.

Proposição 7.5.3 *Seja $\mathcal{M}$ modelo para a linguagem L e seja $\mathcal{A}$ o conjunto de fórmulas fechadas de L que são verdadeiras em $\mathcal{M}$. Então, $Teoria(\mathcal{A}) = \mathcal{A}$ e, consequentemente, $\mathcal{A}$ é uma teoria.*

Adicionalmente, vamos precisar também, em geral, de uma noção de igualdade. Para tal, fazemos o óbvio.

Definição 7.5.4 Uma teoria $\mathcal{T}$ diz-se uma teoria *com igualdade* se as condições da igualdade da Secção 7.4 são seus elementos, em que $(x \approx y)$ ou é atómica, como no caso de LA, ou é definida, como no caso de LS.

Notação De agora em diante, sempre que utilizarmos o termo *teoria* estamos a assumir que se trata de uma teoria com igualdade.

Para além desta, há mais terminologia que será útil adiante. Em primeiro lugar, vamos estar principalmente interessados em teorias que capturem o comportamento de $\mathbb{HF}$ ou de $\mathbb{N}$, por isso, vamos estar interessados em teorias que sejam, de alguma forma, verdadeiras. A próxima definição torna esta noção mais precisa.

Definição 7.5.5 Uma teoria $\mathcal{T}$ na linguagem LS diz-se uma *teoria verdadeira* se todos os seus elementos forem verdadeiros no modelo padrão $\mathbb{HF}$, isto é, se $\mathcal{T} \subseteq \mathcal{TS}$. De modo semelhante, a teoria $\mathcal{T}$ na linguagem LA é uma teoria verdadeira, ou correta, se os seus elementos forem verdadeiros no modelo padrão da aritmética $\mathbb{N}$; ou, de modo equivalente, se $\mathcal{T} \subseteq \mathcal{TA}$.

Se a teoria $\mathcal{T}$ tem a axiomatização $\mathcal{A}$ então $\mathcal{T}$ é uma teoria verdadeira se todos os elementos de $\mathcal{A}$ forem verdadeiros no modelo padrão apropriado. Note-se que o conceito de teoria verdadeira não é um conceito construtivo, uma vez que envolve a verificação em modelos infinitos. É, no entanto, um conceito útil.

Vai ser necessário saber, por vezes, se uma teoria é 'suficientemente forte'. O resultado seguinte incorpora um requisito mínimo nas teorias, mas que será suficientemente forte para muitos dos nossos objetivos.

Definição 7.5.6 Uma teoria $\mathcal{T}$ na linguagem LS diz-se Δ_0-*completa* se todas as instâncias fechadas de Δ_0-fórmulas que são verdadeiras em $\mathbb{HF}$ pertencerem a $\mathcal{T}$. De modo semelhante, uma teoria $\mathcal{T}$ na linguagem LA diz-se Δ_0-*completa* se todas as instâncias fechadas da versão aritmética de Δ_0-fórmulas que são verdadeiras em $\mathbb{N}$ pertencerem a $\mathcal{T}$.

De agora em diante, assume-se, em geral, Δ_0-completude. Por um lado, é uma suposição fraca — resume-se a afirmar que a teoria consegue derivar todos os factos cuja veracidade pode ser verificada da forma mais concreta. Por outro lado, a Δ_0-completude dota uma teoria de uma certa força. O resultado seguinte, embora simples, começa a ilustrar alguma desta força.

Proposição 7.5.7 *Seja $\mathcal{T}$ teoria na linguagem da teoria de conjuntos ou na da aritmética.*

1. *Se $\mathcal{T}$ é Δ_0-completa então todas as instâncias fechadas de Σ_1-fórmulas pertencem a $\mathcal{T}$.*

2. *Se $\mathcal{T}$ é Δ_0-completa e teoria verdadeira então uma instância fechada de uma Σ_1-fórmula é verdadeira se e só se estiver em $\mathcal{T}$.*

Demonstração Para a parte 1, suponha-se que $(\exists x)\varphi(x)$ é instância fechada de uma Σ_1-fórmula na linguagem LS e que é verdadeira em $\mathbb{HF}$. Então, $\varphi(t)$ é verdadeira em $\mathbb{HF}$, para algum termo fechado t. Mas esta é uma instância fechada verdadeira de uma Δ_0-fórmula logo, como $\mathcal{T}$ é Δ_0-completa, então a fórmula pertence a $\mathcal{T}$. As teorias são fechadas para a consequência lógica, e $\varphi(t) \supset (\exists x)\varphi(x)$ é uma fórmula válida logo $(\exists x)\varphi(x)$ tem que pertencer a $\mathcal{T}$. A demonstração para a versão aritmética é semelhante. A demonstração da Parte 2 é trivial. $\blacksquare$

Agora que a noção de teoria já foi definida, podemos perguntar se a aritmética ou a teoria de conjuntos finitos admitem uma axiomatização 'razoável'. Mas as teorias são ainda demasiado gerais — com efeito, pela Proposição 7.5.3, o conjunto de fórmulas fechadas $\mathcal{S}$ da linguagem da teoria de conjuntos que são verdadeiras no modelo padrão $\mathbb{HF}$ constitui uma teoria (com igualdade) e, pela parte 4 da Proposição 7.5.2, o próprio $\mathcal{S}$ serve como axiomatização. Um argumento semelhante pode, como seria de esperar, ser aplicado no caso da aritmética. Não seria, com certeza, isto que tínhamos em mente; isto apenas afirma que a verdade aritmética é axiomatizada pelo conjunto das verdades aritméticas e o mesmo se passa para a teoria dos conjuntos hereditariamente finitos. Este resultado, embora correto, não é particularmente satisfatório.

O problema resume-se a caracterizar o que é que 'razoável' deve significar no caso de um conjunto de axiomas. Há uma condição elementar que podemos impor e que é incontestável: devemos ser capazes de dizer o que é um axioma e o que não é. Isto é, deverá existir um procedimento de decisão para o conjunto de axiomas. Mostrámos no Capítulo 5 como é que as fórmulas de *LS*, a linguagem da teoria de conjuntos, podem ser vistas como elementos de $\mathbb{HF}$. Podemos aplicar um argumento semelhante a qualquer linguagem de primeira ordem e, no que se segue, vamos assumir que tal já foi feito. Assim, uma primeira tentativa de exprimir o que é que se entende por uma axiomatização 'razoável' para uma teoria é: o conjunto dos axiomas deve ser Δ, ou de modo equivalente, o conjunto dos números de Gödel dos axiomas deve ser recursivo.

Há muitos anos atrás, W. Craig mostrou que a decidibilidade era uma condição nos conjuntos de axiomas que podia ser relaxada. Não vamos demonstrar este resultado mas vamos, contudo, enunciá-lo.

Teorema 7.5.8 (Teorema de Craig)
Para cada Σ-conjunto $\mathcal{A}$ de fórmulas fechadas existe um Δ-conjunto $\mathcal{B}$ de fórmulas fechadas tal que Teoria($\mathcal{A}$) = Teoria($\mathcal{B}$).

De uma forma mais ou menos livre, uma teoria com um conjunto semidecidível de axiomas também tem uma axiomatização decidível. De facto, Craig mostrou o seu resultado num contexto aritmético. Então, em vez de trabalhar com fórmulas vistas como conjuntos, trabalha-se com os números de Gödel das fórmulas e, em vez de Σ e Δ, fala-se antes de enumerabilidade recursiva e de recursividade. Mas isto é apenas uma variante do que foi dito.

A partir do teorema de Craig, podemos relaxar a condição de 'razoabilidade' sobre os axiomas, para chegar à forma final do conceito.

Definição 7.5.9 Uma teoria diz-se *formal* se admitir uma Σ-axiomatização. Isto é, $\mathcal{S}$ é teoria formal se $\mathcal{S} = $ *Teoria*($\mathcal{A}$) para algum Σ-conjunto $\mathcal{A}$.

O conjunto $\mathcal{TS}$ das fórmulas fechadas de $\mathbb{HF}$ que são verdadeiras é uma teoria, como observámos anteriormente, sendo o próprio conjunto uma axiomatização. Mas, pelo teorema de Tarski (Teorema 5.8.2), $\mathcal{TS}$ não é representável e, portanto, em particular, não é Σ. Podemos fazer um comentário semelhante acerca de $\mathcal{TA}$, o conjunto das fórmulas fechadas de $\mathbb{N}$ que são verdadeiras. Levanta-se então a questão fundamental. Quer $\mathcal{TA}$ quer $\mathcal{TS}$ são teorias. Será que são teorias *formais*? O facto de $\mathcal{TS}$ não ser Σ não nos dá indicação sobre se existe ou não outra axiomatização para $\mathcal{TS}$ que seja Σ . Será que $\mathcal{TS}$ e $\mathcal{TA}$ admitem axiomatizações razoáveis? Esta pergunta vai ser respondida no fim deste capítulo, bem como no capítulo seguinte.

Exercícios

Exercício 7.5.1 Demonstre a Proposição 7.5.2. Comece por mostrar as duas primeiras partes diretamente e, em seguida, mostre que as outras duas partes se podem obter das primeiras.

Exercício 7.5.2 Demonstre a Proposição 7.5.3.

7.6   Exemplos de teorias formais

Chegou o momento de apresentar alguns exemplos concretos. Começamos pela aritmética e seguimos depois para a teoria de conjuntos. Não se pretende que todas as teorias formais sejam completas — algumas são apresentadas apenas por questões técnicas, mas todas elas são teorias verdadeiras, no sentido da Definição 7.5.5.

7.6.1   Teorias formais da aritmética

Começamos por apresentar o exemplo mais proeminente, a aritmética de Peano. Esta é uma teoria bastante rica, na qual se conseguem derivar todos os factos elementares acerca da aritmética de que nos consigamos lembrar. Havia esperança, até Gödel, que esta fosse uma axiomatização de $\mathcal{TA}$, o conjunto de todas as fórmulas fechadas que são verdadeiras em $\mathbb{N}$. Mas tal não é o caso, como veremos adiante. Não deixa, no entanto, de ser uma teoria de grande importância e que tem sido estudada exaustivamente.

A linguagem da aritmética de Peano é LA. Há vários axiomas imediatos e um único axioma esquema. Começamos pelos axiomas e, em particular, pelos axiomas para a igualdade, que tornam esta teoria numa teoria com igualdade.

Axiomas de Peano
Axiomas de igualdade:

1. $(\forall x)(x \approx x)$,

2. $(\forall x_1)(\forall x_2)(\forall y_1)(\forall y_2)\{[(x_1 \approx y_1) \wedge (x_2 \approx y_2)] \supset [(x_1 \oplus x_2) \approx (y_1 \oplus y_2)]\}$,

3. $(\forall x_1)(\forall x_2)(\forall y_1)(\forall y_2)\{[(x_1 \approx y_1) \wedge (x_2 \approx y_2)] \supset [(x_1 \otimes x_2) \approx (y_1 \otimes y_2)]\}$,

4. $(\forall x_1)(\forall y_1)\{(x_1 \approx y_1) \supset (\mathbb{S}(x_1) \approx \mathbb{S}(y_1))\}$,

5. $(\forall x_1)(\forall x_2)(\forall y_1)(\forall y_2)\{[(x_1 \approx y_1) \wedge (x_2 \approx y_2)] \supset [(x_1 \approx x_2) \supset (y_1 \approx y_2)]\}.$

Axiomas da aritmética:

1. $(\forall x)\neg(\mathbb{S}(x) \approx \mathbf{0}),$

2. $(\forall x)(\forall y)[(\mathbb{S}(x) \approx \mathbb{S}(y)) \supset (x \approx y)],$

3. $(\forall x)[(x \oplus \mathbf{0}) \approx x],$

4. $(\forall x)(\forall y)[(x \oplus \mathbb{S}(y)) \approx \mathbb{S}(x \oplus y)],$

5. $(\forall x)[(x \otimes \mathbf{0}) \approx \mathbf{0}],$

6. $(\forall x)(\forall y)[(x \otimes \mathbb{S}(y)) \approx ((x \otimes y) \oplus x)].$

Por fim, há um axioma esquema para a indução.

Esquema de indução Todas as fórmulas fechadas com a forma seguinte são axiomas:

$$\{\varphi(\mathbf{0}) \wedge (\forall x)[\varphi(x) \supset \varphi(\mathbb{S}(x))]\} \supset (\forall x)\varphi(x).$$

Seja *AP* o conjunto dos axiomas apresentados acima. Mostra-se facilmente que este é um Σ-conjunto (até é Δ) e, consequentemente, que *Teoria(AP)* é uma teoria formal. Tal como se disse, esta é uma teoria com uma riqueza considerável. Infelizmente, como veremos adiante, *Teoria(AP)* $\neq \mathcal{TA}$.

Uma outra teoria formal (com igualdade) para a aritmética, que também é interessante, é a teoria *Q*, que se deve a R. Robinson. Nunca pretendeu ser uma axiomatização de $\mathcal{TA}$, mas antes ter certas aplicações teóricas. A aritmética de Peano tem um número infinito de axiomas, por causa do esquema de indução, e mostra-se que *Teoria(AP)* não admite uma axiomatização finita. O sistema de Robinson *Q*, embora sendo mais fraco, tem uma axiomatização finita, razão pela qual foi criado. Os seus axiomas são os axiomas de *AP*, exceto o esquema de indução, mas com o axioma adicional seguinte:

$$(\forall x)\{(x \approx \mathbf{0}) \vee (\exists y)(x \approx \mathbb{S}(y))\}.$$

7.6.2 Teorias formais de conjuntos

Vamos agora considerar sistemas para a teoria de conjuntos. O modelo em causa agora é $\mathbb{HF}$ que é em tudo igual ao universo dos conjuntos, exceto que tudo é finito. Assim, uma abordagem natural é a de considerar os axiomas de Zermelo–Fraenkel para a teoria de conjuntos, mas com o axioma para o infinito substituído pela sua negação. Deste modo, obtemos uma teoria que pode ser

traduzida para *AP*, e vice-versa, recorrendo basicamente à mesma tradução que
se utilizou entre $\mathbb{HF}$ e $\mathbb{N}$. Esta axiomatização denota-se por $ZF - \infty$. A sua
linguagem não é *LS* mas pode ser formulada usando apenas ε como primitivo,
ou com este e também com um símbolo de constante para o conjunto vazio, e
símbolos de função para pares não ordenados, para a união e para o conjunto
das partes.

Uma outra axiomatização, que é mais natural no nosso contexto atual,
recorre aos símbolos de função e de constante de *LS*. Isto significa que temos
um axioma para $\mathbb{A}$ em vez de axiomas para uniões, pares e conjuntos das
partes. Isto dá origem ao sistema seguinte, que designamos por *CONJ_FIN*. Ao
apresentar os axiomas, por questões de conveniência, vamos usar $(x \approx y)$ como
abreviatura de $(\forall q \,\varepsilon\, x)(q \,\varepsilon\, y) \wedge (\forall q \,\varepsilon\, y)(q \,\varepsilon\, x)$.

Axiomas CONJ_FIN, parte 1

1. (Extensão) $(\forall x)(\forall y)[x \approx y \supset (\forall z)(x \,\varepsilon\, z \supset y \,\varepsilon\, z)]$.

2. (Conjunto vazio) $(\forall x)\neg(x \,\varepsilon\, \varnothing)$.

3. (Adição) $(\forall x)(\forall y)(\forall z)[z \,\varepsilon\, \mathbb{A}(x,y) \equiv (z \,\varepsilon\, x \vee z \approx y)]$.

4. (Fundação) $(\forall x)\{(\exists y)(y \,\varepsilon\, x) \supset (\exists y)[y \,\varepsilon\, x \wedge \neg(\exists z)(z \,\varepsilon\, x \wedge z \,\varepsilon\, y)]\}$.

O leitor já mostrou, no Exercício 1.4.4, que o axioma da fundação é verdadeiro em $\mathbb{HF}$.[1] Segue-se um axioma esquema que, por isso, representa uma
coleção infinita de axiomas.

Axiomas CONJ_FIN, parte 2 (Substituição) A fórmula que se segue é um
axioma, para cada fórmula $\varphi(x, y, w_1, \ldots, w_n)$, na qual se apresentam todas as
variáveis livres:

$$(\forall w_1)\ldots(\forall w_n)(\forall a)\Big\{(\forall x)\Big[x \,\varepsilon\, a \supset (\exists y)\big[\varphi(x, y, w_1, \ldots, w_n)$$
$$\wedge(\forall z)\,(\varphi(x, z, w_1, \ldots, w_n) \supset z \approx y)\big]\Big]$$
$$\supset (\exists b)(\forall x)\Big[x \,\varepsilon\, a \supset$$
$$(\exists y)(y \,\varepsilon\, b \wedge \varphi(x, y, w_1, \ldots, w_n))\Big]\Big\}.$$

O esquema de substituição, ao ser interpretado em $\mathbb{HF}$, significa que qualquer subconjunto de R_ω que seja mais pequeno do que um elemento, é um
elemento. O antecedente afirma que φ define uma função com domínio a. O
consequente afirma que existe um elemento de R_ω, b, que é a imagem desta
função. Finalmente, temos a negação do axioma para o infinito.

---

[1]NdT: o axioma da fundação é também conhecido por *axioma da regularidade*.

Axiomas CONJ_FIN, Parte 3 (Finitude)

$$\neg(\exists x)[\varnothing \, \varepsilon \, x \wedge (\forall z)(z \, \varepsilon \, x \supset \mathbb{A}(z, z) \, \varepsilon \, x)].$$

Note-se que o axioma da finitude apenas afirma que a coleção de números não existe (recorde-se que, embora $\omega \subseteq R_\omega$, também temos $\omega \notin R_\omega$). Podemos usar os axiomas de substituição para estabelecer a não existência de outros conjuntos infinitos.

O conjunto de axiomas para *CONJ_FIN* é infinito, por causa do axioma esquema de substituição. Apresenta-se em seguida uma teoria análoga à teoria de Robinson para aritmética. Importa salientar que esta envolve apenas um conjunto *finito* de axiomas. Denota-se esta teoria por *CONJ_Q*. Os axiomas são apenas os numerados 1–3 na parte 1 da axiomatização de *CONJ_FIN*. A teoria *CONJ_Q* é uma teoria fraca mas, mesmo assim, é Δ_0-completa (cf. Definição 7.5.6). O leitor é convidado a demonstrar este facto nos Exercícios 7.6.3-7.6.6. Este resultado vai ter uma consequência importante no Capítulo 9.

7.6.3 Teorias de que não se estaria à espera

Terminamos este capítulo com algumas teorias formais que são, de alguma forma, menos convencionais. Seja $\mathcal{S}_\Sigma$ o conjunto de instâncias de Σ-fórmulas de *LS* que são verdadeiras no modelo padrão $\mathbb{HF}$. De acordo com o Teorema 6.3.5, este é um Σ-conjunto e, consequentemente, *Teoria*$(\mathcal{S}_\Sigma)$ é uma teoria formal. É, até, uma teoria com igualdade. Este é um exemplo diferente dos anteriores uma vez que os axiomas não se encaixam num pequeno número de padrões que sejam facilmente reconhecidos. Não deixa, no entanto, de cumprir as condições para ser uma teoria formal. Talvez estejamos a ser demasiado generosos naquilo que aceitamos como axiomatização mas se mostrarmos que algo *não* é uma teoria então mostrámos algo bastante forte. No Exercício 7.6.2 pede-se para mostrar que *Teoria*$(\mathcal{S}_\Sigma)$ é Δ_0-completa.

Como seria de esperar, existe um exemplo semelhante na aritmética. Seja $\mathcal{A}_\Sigma$ o conjunto das instâncias fechadas de Σ-fórmulas de *LA* que são verdadeiras em $\mathbb{N}$. Recorrendo ao Exercício 6.3.3, este conjunto é Σ e, portanto, *Teoria*$(\mathcal{A}_\Sigma)$ é também uma teoria formal (novamente, com igualdade).

Exercícios

Exercício 7.6.1 Mostre que *CONJ_FIN* é teoria com igualdade.

Exercício 7.6.2 Mostre que *Teoria*$(\mathcal{S}_\Sigma)$ é Δ_0-completa.

Exercício 7.6.3 Sejam t_1, t_2, ... termos fechados de LS. Denote-se o termo $\mathbb{A}(\varnothing, t_1)$ de LS por $\langle t_1 \rangle$, e $\mathbb{A}(\mathbb{A}(\langle t_1, \ldots, t_n \rangle, t_{n+1})$ por $\langle t_1, t_2, \ldots, t_n, t_{n+1} \rangle$. Mostre que, para cada n, a fórmula seguinte é derivável a partir dos axiomas CONJ_Q

$$(\forall x)[x \, \varepsilon \, \langle t_1, \ldots, t_n \rangle \supset (x \approx t_1 \vee \ldots \vee x \approx t_n)].$$

Exercício 7.6.4 Vamos utilizar a sequência R_n da Definição 1.4.2. Dizemos que n é *positivamente bom* desde que: 1) para cada $s_1, s_2 \in R_n$, e para quaisquer termos fechados de LS t_1 designando s_1 e t_2 designando s_2, se $s_1 \in s_2$ então $t_1 \, \varepsilon \, t_2$ é derivável a partir dos axiomas CONJ_Q; 2) se $s \in R_n$ e tanto t_1 como t_2 designam s então $t_1 \approx t_2$ é derivável a partir de CONJ_Q. Mostre que todo o n é positivamente bom.

A demonstração pode ser feita por indução. O ponto fundamental a ter em conta é que qualquer elemento de um conjunto hereditariamente finito s tem que ser um conjunto cuja cota é menor do que a cota de s. Segue-se um esboço da demonstração. 0 é positivamente bom, trivialmente. Suponha-se que n é positivamente bom.

1. Suponha-se que $s_1, s_2 \in R_{n+1}$ e $s_1 \in s_2$. Sejam t_1 e t_2 tais que t_1 designa s_1 e t_2 designa s_2. Se s_1 e s_2 pertencere ¡m a R_n a demonstração está feita. Note-se que s_1 não pode pertencer a R_{n+1} e não pertencer a R_n. Assim, basta mostrar o resultado, assumindo que $s_1 \in R_n$ e $s_2 \in R_{n+1}$. Em seguida, mostra-se que $t_1 \, \varepsilon \, t_2$ é derivável a partir de CONJ_Q, por indução no número de ocorrências de $\mathbb{A}$ em t_2.

2. Suponha-se que $s \in R_{n+1}$ e que t_1 e t_2 designam ambos s; é necessário mostrar que $t_1 \approx t_2$ é derivável a partir de CONJ_Q. Neste caso, utiliza-se o Exercício 7.6.3 e a primeira parte deste exercício.

Exercício 7.6.5 Tal como no exercício anterior, volta-se a utilizar a terminologia da Definição 1.4.2. Dizemos que n é *negativamente bom* desde que: 1) para quaisquer $s_1, s_2 \in R_n$ distintos e quaisquer termos fechados de LS t_1 designando s_1 e t_2 designando s_2, $\neg(t_1 \approx t_2)$ é derivável a partir dos axiomas CONJ_Q; 2) para quaisquer $s_1 \in R_n$ e $s_2 \in R_{n+1}$ tais que $s_1 \notin s_2$ e para quaisquer termos fechados t_1 designando s_1 e t_2 designando s_2, a fórmula $\neg(t_1 \, \varepsilon \, t_2)$ é derivável a partir de CONJ_Q. Mostre que todo o n é negativamente bom.

Para demonstrar este resultado, utilize uma demonstração por indução e, no passo de indução, comece por demonstrar a parte 1 antes de demonstrar a parte 2. Vai precisar de usar o Exercício 7.6.3.

Exercício 7.6.6 Mostre, por indução no grau, que se $\varphi(x_1, \ldots, x_n)$ é uma qualquer Δ_0-fórmula e t_1, ..., t_n são termos fechados de LS:

1. Se $\varphi(t_1, \ldots, t_n)$ é verdadeira em $\mathbb{HF}$ então $\varphi(t_1, \ldots, t_n)$ é derivável a partir de *CONJ_Q*.

2. Se $\varphi(t_1, \ldots, t_n)$ é falsa em $\mathbb{HF}$ então $\neg\varphi(t_1, \ldots, t_n)$ é derivável a partir de *CONJ_Q*.

Capítulo 8

Teorema de Gödel

8.1 Teorema de Gödel, demonstração de Tarski

No capítulo anterior, levantámos uma questão fundamental acerca de $\mathbb{N}$ e de $\mathbb{HF}$: será que a noção de verdade nestas estruturas pode ser capturada axiomaticamente? Gödel deu uma resposta a esta questão com o seu famoso primeiro teorema da incompletude. Vamos demonstrar nesta secção uma versão deste resultado. Não vamos, no entanto, apresentar a demonstração original de Gödel, apresentando antes em seu lugar uma demonstração que se deve a Tarski e que é, em geral, mais fácil de compreender. Já temos quase todas as peças necessárias para o fazer. Na secção seguinte, vamos discutir as limitações da demonstração de Tarski e apresentar em seguida o argumento original de Gödel.

Antes do teorema de Gödel, precisamos ainda de obter um resultado. Como a sua demonstração é semelhante a demonstrações que já foram vistas anteriormente, deixa-se como exercício (cf. Exercício 8.1.1).

Proposição 8.1.1 *Seja $\mathcal{A}$ conjunto de fórmulas fechadas que é Σ em $\mathbb{HF}$. Então Teoria($\mathcal{A}$) também é Σ em $\mathbb{HF}$.*

Segue-se uma versão do teorema de Gödel. Recorde-se que $\mathcal{TS}$ é o conjunto das fórmulas fechadas de LS que são verdadeiras em $\mathbb{HF}$ e que $\mathcal{TA}$ é o conjunto das fórmulas fechadas de LA que são verdadeiras $\mathbb{N}$.

Teorema 8.1.2 (Teorema de Gödel, Versão 1)
Nem $\mathcal{TS}$ nem $\mathcal{TA}$ são teorias formais.

Demonstração Se $\mathcal{TS}$ fosse teoria formal então admitia uma Σ-axiomatização. Pela Proposição 8.1.1, $\mathcal{TS}$ seria ela própria Σ. Mas, pelo teorema de Tarski (Teorema 5.8.2), $\mathcal{TS}$ não é sequer representável, quanto mais Σ. Logo $\mathcal{TS}$

não é uma teoria formal. O resultado para o caso $\mathcal{TA}$ tem uma demonstração semelhante, recorrendo ao Teorema 5.10.1. ∎

Este resultado é devastador. Não só $\mathcal{TS}$ não é uma teoria formal, mas nem sequer a estrutura matemática mais básica, $\mathbb{N}$, aquela que aprendemos em criança, pode ser completamente compreendida recorrendo à lógica de primeira ordem e ao método axiomático! Qualquer sistema axiomático que possa ser proposto não consegue derivar todas as verdades da aritmética e apenas essas — ou se deriva algo que é falso ou não se consegue derivar algo que é verdadeiro. Se observarmos com atenção a aritmética de Peano, AP, é evidente que os seus axiomas são, de facto, verdadeiros em $\mathbb{N}$. Isto implica que todas as fórmulas fechadas que se consigam derivar a partir de AP também são verdadeiras em $\mathbb{N}$. Assim, temos o seguinte resultado, cujo enunciado é mais próximo do teorema de Gödel, tal como ele o enunciou originalmente.

Corolário 8.1.3 *A aritmética de Peano é incompleta; existe uma fórmula fechada de LA que é verdadeira no modelo padrão mas que não se consegue derivar a partir de* AP.

Como é evidente, existem resultados de incompletude semelhantes para $ZF - \infty$ e para $CONJ\_FIN$. Posteriormente, quando voltarmos ao segundo teorema da incompletude de Gödel, apresentaremos um exemplo digno de nota de uma fórmula fechada verdadeira mas que não se consegue derivar.

Exercícios

Exercício 8.1.1 Demonstre a Proposição 8.1.1. Sugestão: substitua a noção de consequência lógica pela de derivação e, em seguida, construa um modelo com base na demonstração de que o conjunto de termos (S-25) e o conjunto de fórmulas (S-29) são representáveis.

Exercício 8.1.2 Mostre que uma teoria é formal se e só se for Σ.

8.2 Derivações finitárias

Até agora, temos feito uma utilização livre da noção de verdade. Embora esteja matematicamente bem definida não é, em geral, humanamente verificável. Para verificar se $(\forall x)\varphi(x)$ é verdadeira em $\mathbb{HF}$, temos que verificar a veracidade de um número infinito de instâncias. Esta não é uma tarefa para seres humanos.

É importante perceber quando é que uma demonstração utiliza conceitos infinitários, como a noção de verdade num modelo, e quando é que não utiliza. Há quem recuse liminarmente, por questões de ordem filosófica, a utilização de conceitos infinitário em matemática. Há aqueles, em maior número, que sentem algum desconforto acerca da sua utilização, nomeadamente quando se trata de noções fundacionais. Na década de 1920, em particular, assistiu-se a uma grande disputa acerca dos fundamentos da matemática. De um lado, encontravam-se Brouwer e os intuicionistas. Do outro lado, encontravam-se Hilbert e os seus seguidores. Os intuicionistas tinham objeções acerca da utilização de métodos não construtivos. Hilbert tinha idealizado uma maneira notável de 'salvar' a matemática tradicional dos ataques dos intuicionistas. Em primeiro lugar, representavam-se vários ramos da matemática como teorias formais, nas quais se permitia a utilização de métodos não construtivos. Em seguida, podia-se demonstrar, de fora, que estas teorias formais representavam, de facto, os seus assuntos de modo adequado e não tinham contradições, mas estas demonstrações acerca das teorias formais deviam ter uma natureza inteiramente construtiva — de modo a serem aceites por um intuicionista.

O primeiro e segundo teoremas de Gödel demoliram completamente o programa de Hilbert, mas o seu impacto poderia ter sido, de alguma forma, minimizado se tivessem sido utilizados métodos não construtivos nas suas demonstrações. Consequentemente, o argumento originalmente utilizado por Gödel seguia um caminho diferente do aqui apresentado, que recorre ao teorema de Tarski. E, como é habitual nestes casos, ao mudar o argumento de modo a evitar noções não construtivas surgem alguns efeitos secundários que se podem tornar úteis. Neste caso, o segundo teorema de Gödel utiliza não só o argumento do primeiro teorema, mas também a sua demonstração.

Dizemos que um conceito matemático é finitário se não fizer referência, explícita ou não, a conjuntos infinitos. Uma demonstração diz-se finitária se envolver apenas conceitos finitários e se for construtiva, isto é, se afirmar que algo existe então fornece uma maneira de se encontrar essa coisa; se afirmar que algo pode ser feito então fornece um método para o fazer num número finito de passos.

Não demos uma definição precisa da noção de finitário, apenas uma descrição geral e bastante lata. Uma caracterização exata é um assunto controverso. Mesmo assim, deve ser possível reconhecer, a partir da nossa noção vaga, certos argumentos como sendo finitários e outros como não o sendo. Isto é suficiente para os nossos objetivos.

No resto deste capítulo, vamos tentar substituir argumentos anteriores que não eram finitários por argumentos finitários. De facto, alguns dos nossos resultados foram estabelecidos através de meios finitários e outros podem ser rescritos de modo a incorporar um conteúdo construtivo. Vale a pena revisitar estes pontos.

Em capítulos anteriores, mostrámos que vários conjuntos eram Σ. Foi apresentada explicitamente, em cada um dos casos, uma Σ-fórmula para o efeito. E, embora a noção de verdade em $\mathbb{HF}$ não seja um conceito finitário, a veracidade de instâncias de Σ-fórmulas é, uma vez que se uma Σ-fórmula é verdadeira então existe um procedimento que pode ser seguido e que nos permite determinar tal facto.

No capítulo anterior, definiu-se a noção de consequência lógica. Esta é uma noção claramente não construtiva. Mas a noção de derivação pode substituí-la (a verificação de que as duas noções são equivalentes é, sem surpresas, não construtiva). Na secção anterior estabeleceu-se que o conjunto das consequências de um Σ-conjunto $\mathcal{A}$ de axiomas é ainda um Σ-conjunto. A resolução do Exercício 8.1.1 envolve a utilização de derivações formais, em vez de modelos, e nela deverá surgir uma receita para transformar uma Σ-fórmula de $\mathcal{A}$ numa Σ-fórmula de Teoria($\mathcal{A}$). Assim, a Proposição 8.1.1 tem uma demonstração construtiva, envolvendo apenas noções finitárias. É neste espirito que queremos refazer a demonstração do Teorema 8.1.2, evitando qualquer referência à noção de verdade.

8.3   Representabilidade em teorias

A noção fundamental que está envolvida quer na demonstração quer no enunciado do teorema de Tarski é a noção de *representabilidade*. Mas esta recorre ao conceito de verdade num modelo de uma forma essencial e é este tipo de situações que pretendemos evitar. A solução óbvia é substituir a noção de verdade, que é não construtiva, pela de derivabilidade a partir de um conjunto de axiomas, que é construtiva. Apresentamos nesta secção uma versão e exploramos suas as consequências neste e nos capítulos subsequentes.

Há uma pequena contrariedade que tem que ser resolvida de modo que tudo corra sem problemas. Suponha-se que estamos a trabalhar com LA e com o modelo padrão, $\mathbb{N}$, para a aritmética. Então, o número n é um elemento do conjunto que $\varphi(x)$ representa se $\varphi(t)$ for verdadeira em $\mathbb{N}$, em que t é termo fechado que designa n. Agora, o que não pode acontecer é que para dois termos fechados t e u que designem o mesmo número n, $\varphi(t)$ seja verdadeira em $\mathbb{N}$ e $\varphi(u)$ não o seja. A definição de verdade num modelo torna este cenário impossível. No entanto, se tentarmos substituir veracidade por derivabilidade a partir de um conjunto de axiomas $\mathcal{A}$, as coisas podem não ser assim tão simples. Pode perfeitamente acontecer que $\mathcal{A} \models \varphi(t)$ mas que $\mathcal{A} \not\models \varphi(u)$. Suponha-se, por exemplo, que $\mathcal{A}$ consiste no conjunto de fórmulas fechadas incorporando os princípios da igualdade da Secção 7.4 e nada mais. Então, se $\varphi(x)$ for a fórmula $x \approx \mathbf{0}$, temos que $\mathcal{A} \models \varphi(\mathbf{0})$ mas $\mathcal{A} \not\models \varphi(\mathbf{0} \oplus \mathbf{0})$, embora $\mathbf{0}$ e $\mathbf{0} \oplus \mathbf{0}$ designem o mesmo número, 0, uma vez que não dispomos de axiomas que caracterizem o comportamento pretendido para $\oplus$. Neste caso, devemos assumir que 0 é um elemento do conjunto representado por $\varphi(x)$, usando os axiomas $\mathcal{A}$, ou não? A nossa solução para o problema passa por garantir que este cenário não surge. De facto, se um conjunto de axiomas for demasiado fraco para derivar $(\mathbf{0} \oplus \mathbf{0}) \approx \mathbf{0}$ então não é um bom candidato para uma axiomatização da aritmética.

Proposição 8.3.1 *Vamos trabalhar com a linguagem* LS *ou com a linguagem* LA. *Seja* $\mathcal{T}$ *teoria* Δ_0-*completa (cf. Definição 7.5.6). Se* t *e* u *forem termos fechados que designam o mesmo elemento no modelo padrão então* $(t \approx u) \in \mathcal{T}$ *e, como tal, se* $\varphi(x)$ *for uma fórmula arbitrária, temos que* $\varphi(t) \in \mathcal{T}$ *se e só se* $\varphi(u) \in \mathcal{T}$.

Demonstração Se t e u designam o mesmo elemento no modelo padrão então $(t \approx u)$ é verdadeira no modelo padrão. Se estivermos a trabalhar com a aritmética então esta é uma fórmula atómica; se estivermos a trabalhar com conjuntos então esta é uma abreviatura de $(\forall z \, \varepsilon \, t)(z \, \varepsilon \, u) \wedge (\forall z \, \varepsilon \, u)(z \, \varepsilon \, t)$. Em qualquer dos casos, é uma instância verdadeira de uma Δ_0-fórmula e, por Δ_0-completude, pertence a $\mathcal{T}$. Uma vez que $\mathcal{T}$ é uma teoria com igualdade então $\varphi(t)$ e $\varphi(u)$ são equivalentes nessa teoria, pela Proposição 7.4.1. ■

Toda a teoria formal apresentada na Secção 7.6 é Δ_0-completa. Vamos agora substituir a noção de representabilidade, tal como foi usada em capítulos anteriores, pela noção de representabilidade numa teoria Δ_0-completa. Vamos fazê-lo no contexto dos conjuntos, mas um processo análogo pode ser reproduzido para a aritmética. Recorde-se da Definição 5.9.1 que, dado um conjunto s, escrevemos $\ulcorner s \urcorner$ para denotar qualquer termo fechado de LS que designe s.

Definição 8.3.2 Seja $\mathcal{T}$ teoria na linguagem LS, Δ_0-completa. Dizemos que $\varphi(x)$ *representa o conjunto* S *na teoria* $\mathcal{T}$ se, para $s \in R_\omega$,

$$s \in S \text{ se e só se } \varphi(\ulcorner s \urcorner) \in \mathcal{T}.$$

Dizemos que S é representável na teoria $\mathcal{T}$ se for representado em $\mathcal{T}$ por alguma fórmula. A representabilidade de um conjunto de números através de uma teoria da aritmética Δ_0-completa define-se de modo análogo.

O conjunto $\mathcal{TS}$ das fórmula fechadas de LS que são verdadeiras em $\mathbb{HF}$ é, obviamente, uma teoria Δ_0-completa. Mostra-se facilmente que a noção de representabilidade nesta teoria coincide com a noção de representablidade definida anteriormente (cf. Definição 2.5.1). O mesmo se passa no caso de $\mathcal{TA}$ e da aritmética. Então, esta noção de representabilidade generaliza diretamente a anterior.

Podemos naturalmente perguntar se a nossa generalização da noção de representabilidade *generaliza* de facto a noção original. A resposta a esta pergunta é sim, como mostram as observações seguintes — existem teorias na linguagem LS para as quais a noção de representabilidade é bastante diferente da noção de representabilidade em $\mathcal{TS}$, o mesmo se passando, claro, para a aritmética. O conjunto das instâncias fechadas falsas de Σ-fórmulas é representável em $\mathbb{HF}$ e, como tal, também o é na teoria $\mathcal{TS}$ (pelo Teorema 6.3.5, uma vez que o conjunto das instâncias verdadeiras de Σ-fórmulas é também ele Σ e dispomos da negação). O Teorema 6.2.2 afirma que o conjunto das instâncias falsas de Σ-fórmulas não é um Σ-conjunto. Logo, existe um conjunto que é representável em $\mathcal{TS}$ e que não é Σ. Já sabemos que a teoria $\mathcal{TS}$ não é uma teoria *formal*. O resultado seguinte afirma que no caso das teorias formais, as coisas são diferentes — só os Σ-conjuntos é que são representáveis.

Proposição 8.3.3 *Quer na aritmética quer na teoria de conjuntos, se um conjunto S é representável numa teoria formal Δ_0-completa então S é Σ.*

Demonstração Vamos trabalhar em LS, por ser mais conveniente. Os argumentos para o caso LA são semelhantes. Seja $\mathcal{T}$ teoria formal, Δ_0-completa, na qual S é representável. Pela Proposição 8.1.1, sabemos que $\mathcal{T}$ é Σ; suponhamos que $C_{\mathcal{T}}(v_0)$ representa $\mathcal{T}$ em $\mathbb{HF}$. Adicionalmente, S também é representável em $\mathcal{T}$. Seja $\varphi(v_0)$ uma fórmula que o represente. Então

$$s \in S \iff \varphi(\ulcorner s \urcorner) \in \mathcal{T}$$
$$\iff C_{\mathcal{T}}(\ulcorner \varphi(\ulcorner s \urcorner) \urcorner) \text{ é verdadeira em } \mathbb{HF}.$$

Seja φ' termo fechado que designa a fórmula $\varphi(v_0)$. Então, a fórmula seguinte é uma Σ-fórmula que representa S em $\mathbb{HF}$:

$$(\exists t)\, [\mathsf{Designa}(t, s) \wedge (\exists u)\, [u \text{ é } \varphi'(t) \wedge C_{\mathcal{T}}(u)]]\,.$$

■

Convém salientar que a demonstração desta proposição é uma demonstração construtiva. Suponhamos que $\varphi(v_0)$ representa um conjunto S numa teoria Δ_0-completa com um Σ-conjunto de axiomas $\mathcal{A}$. Sabemos que $Teoria(\mathcal{A})$ também é Σ e a nossa solução do Exercício 8.1.1 deverá ter mostrado como é que se escreve uma Σ-fórmula para $Teoria(\mathcal{A})$ a partir de uma Σ-fórmula para $\mathcal{A}$. Assim, a demonstração da proposição anterior fornece explicitamente uma fórmula para S, usando a fórmula $\varphi(v_0)$ que o representa em $Teoria(\mathcal{A})$.

A proposição anterior também serve como demonstração alternativa do Teorema 8.1.2. Existe um conjunto que não é Σ e que é representável na teoria $\mathcal{TS}$. Mas, se $\mathcal{A}$ for uma teoria formal, os únicos conjuntos que aí são representáveis são Σ-conjuntos. Logo, $\mathcal{TS}$ não pode ser uma teoria formal.

Por fim, apresentamos um resultado que vai simplificar consideravelmente as coisas mais à frente. Se uma teoria satisfizer algumas condições mais ou menos imediatas então muitas noções úteis vão ser representáveis nessa teoria.

Todas as teorias da Secção 7.6 verificam as condições desta proposição. Isto pode ser algo fastidioso de mostrar para algumas delas, como é o caso de *AP*. No entanto, para *Teoria*($\mathcal{S}_\Sigma$), da Secção 7.6.3, e para *Teoria*($\mathcal{A}_\Sigma$) é quase uma trivialidade. Deixa-se como exercício mostrá-lo para *Teoria*(*CONJ_Q*).

Proposição 8.3.4 *Quer na aritmética quer em teoria de conjuntos, se uma teoria $\mathcal{T}$ for Δ_0-completa e for uma teoria verdadeira então toda a Σ-relação é representável em $\mathcal{T}$.*

Demonstração Vamos apresentar a demonstração para o caso dos conjuntos, embora um argumento semelhante possa ser usado no caso da aritmética. Suponha-se que S é Σ-conjunto em $\mathbb{HF}$. Pelo Teorema 3.6.2, S é representado em $\mathbb{HF}$ por uma Σ_1-fórmula, digamos $(\exists x)\varphi(x, v_0)$, em que φ é Δ_0-fórmula. Esta mesma fórmula também representa S na teoria $\mathcal{T}$; isto é uma consequência imediata da parte 2 da Proposição 7.5.7. ∎

Exercícios

Exercício 8.3.1 Uma teoria diz-se *incoerente* se contém todas as fórmulas fechadas.

1. Mostre: se $\mathcal{A} \models X$ e $\mathcal{A} \models \neg X$, para alguma fórmula fechada X, então *Teoria*($\mathcal{A}$) é incoerente e vice-versa.

2. Suponha-se que *Teoria*($\mathcal{A}$) é teoria incoerente. Será que é Δ_0-completa? Que conjuntos são representáveis nessa teoria?

8.4 A noção de usual subdivide-se

Antes de ler esta secção, recomendamos ao leitor que volte a ler a demonstração do teorema de Tarski, na Secção 5.8. O nosso objetivo agora é reproduzir essa demonstração, até onde for possível, mas substituindo a noção de verdade pela de derivação numa teoria formal. Na Secção 5.8, dissemos que uma fórmula representante é *usual* se não pertencer ao conjunto que representa. Assim, se φ for uma fórmula representante então também será usual se $\varphi \notin \varphi_S$. Representabilidade significava representabilidade em $\mathbb{HF}$ (ou em $\mathbb{N}$). Elaborando um pouco mais, isto significa que φ é usual se uma das duas condições equivalentes seguintes se verificar:

1. $\neg\varphi(t)$ é verdadeira, onde t designa $\varphi(v_0)$;

2. $\varphi(t)$ não é verdadeira, onde t designa $\varphi(v_0)$.

Seja $\mathcal{A}$ conjunto de axiomas para teoria Δ_0-completa. Vamos tentar uma caracterização alternativa para a noção de ser usual para $Teoria(\mathcal{A})$; talvez lhe chamemos $\mathcal{A}$-usual. É razoável substituir a noção de ser verdadeiro em $\mathbb{HF}$ pela de ser derivável em $\mathcal{A}$. Mas, neste caso, as duas condições acima dão-nos duas alternativas que não são equivalentes

1. $\neg\varphi(t) \in Teoria(\mathcal{A})$, em que t designa $\varphi(v_0)$;

2. $\varphi(t) \notin Teoria(\mathcal{A})$, em que t designa $\varphi(v_0)$.

A primeira afirma que φ pertence ao conjunto representado por $\neg\varphi$ na teoria $Teoria(\mathcal{A})$. A segunda afirma que φ não pertence ao conjunto representado por φ em $Teoria(\mathcal{A})$. Se $\mathcal{A}$ for incoerente então toda a fórmula representante, de facto, representa R_ω (cf. Exercício 8.3.1) e portanto a condição 1) verifica-se mas não a condição 2). Por outro lado, $\mathcal{A}$ pode ser incompleta, ou muito fraca para derivar qualquer fórmula fechada ou a sua negação. Neste caso, a condição 2) pode verificar-se sem que a condição 1) se verifique. Quando estávamos a trabalhar com representabilidade em $\mathbb{HF}$ estávamos, de facto, a usar a teoria $\mathcal{TS}$, que é simultaneamente coerente e completa e, portanto, as duas noções eram equivalentes. No caso de uma teoria arbitrária surge a questão: qual é a versão 'certa' da noção de usual que devemos utilizar? A resposta peculiar é que ambas são. Com cada uma delas, vamos obter resultados interessantes quando tentarmos reproduzir a demonstração do teorema de Tarski. Vamos analisar a alternativa 1) agora, deixando a alternativa 2) para o próximo capítulo.

8.5   Teorema de Gödel, demonstração de Gödel

Vimos, na secção anterior, que a noção de usual se subdivide quando passamos a trabalhar com teorias formais. Nesta secção, vamos analisar as consequências de adotar a primeira alternativa. Esta escolha conduz-nos a uma demonstração do teorema de Gödel que é muito semelhante à demonstração original de Gödel. Assim, vamos designar esta alternativa por $usual_G$. Por uma questão de comodidade, vamos considerar apenas o caso da teoria de conjuntos: a linguagem é LS e o modelo em causa é $\mathbb{HF}$. Deixa-se como exercício a adaptação destes resultados ao caso da aritmética.

Definição 8.5.1 Seja $\mathcal{T}$ teoria Δ_0-completa (não necessariamente formal) e seja $\varphi(v_0)$ fórmula representante. Dizemos que φ é $\mathcal{T}$-$usual_G$ se $\neg\varphi(\ulcorner\varphi\urcorner) \in \mathcal{T}$. De modo equivalente, φ é $\mathcal{T}$-$usual_G$ se pertence ao conjunto representado pela sua negação em $\mathcal{T}$.

O teorema de Tarski era uma consequência imediata de dois lemas, a que chamámos Lema A e Lema B na Secção 5.8. Queremos encontrar resultados análogos a estes. Começamos pelo Lema A, deixando como sugestão que o leitor volte atrás e recorde a demonstração deste resultado antes de prosseguir. A versão anterior do Lema A começava por assumir que o conjunto das fórmulas usuais era representável o que conduzia rapidamente a uma contradição. Vamos tentar isto outra vez. Começamos por alguns conceitos úteis.

Definição 8.5.2 Seja $\mathcal{T}$ teoria.

1. $\mathcal{T}$ é *incoerente* se existir fórmula fechada X tal que tanto X como $\neg X$ pertencem a $\mathcal{T}$.

2. $\mathcal{T}$ é *incompleta* se existir fórmula fechada X tal que nem X nem $\neg X$ pertencem a $\mathcal{T}$.

Uma teoria incoerente, pelo Exercício 8.3.1, contém todas as fórmulas fechadas e, portanto, é inútil. Por outro lado, uma teoria incompleta deixa em aberto o estado de algumas fórmulas fechadas e, portanto, a sua utilidade é limitada. Passamos agora à demonstração de um resultado análogo ao Lema A. Adiamos para depois a formulação de o que é que a demonstração estabelece.

Demonstração Seja $\mathcal{T}$ teoria Δ_0-completa e suponha-se que o conjunto das fórmulas $\mathcal{T}$-*usuais*$_G$ é representável em $\mathcal{T}$, por exemplo, por uma fórmula $A(v_0)$. Isto significa que se φ for uma qualquer fórmula representante,

$$A(\ulcorner \varphi \urcorner) \in \mathcal{T} \Longleftrightarrow \varphi \text{ é } \mathcal{T}\text{-}usual_G.$$

Mas, de acordo com a definição,

$$\varphi \text{ é } \mathcal{T}\text{-}usual_G \Longleftrightarrow \neg\varphi(\ulcorner \varphi \urcorner) \in \mathcal{T}$$

e, portanto,

$$A(\ulcorner \varphi \urcorner) \in \mathcal{T} \Longleftrightarrow \neg\varphi(\ulcorner \varphi \urcorner) \in \mathcal{T}.$$

Isto passa-se para qualquer fórmula representante φ. Fixe-se φ como sendo A. Então, tem-se

$$A(\ulcorner A \urcorner) \in \mathcal{T} \Longleftrightarrow \neg A(\ulcorner A \urcorner) \in \mathcal{T}.$$

Há duas formas de esta equivalência se verificar. Em primeiro lugar, podemos ter que $A(\ulcorner A \urcorner)$ e $\neg A(\ulcorner A \urcorner)$ estão *ambas* em $\mathcal{T}$. Neste caso, $\mathcal{T}$ é *incoerente*. Em segundo lugar, pode acontecer que *nenhuma* das fórmulas $A(\ulcorner A \urcorner)$ e $\neg A(\ulcorner A \urcorner)$ estejam em $\mathcal{T}$. Neste caso, $\mathcal{T}$ é *incompleta*. ∎

Os resultados seguintes resumem aquilo que foi demonstrado.

Lema A Seja $\mathcal{T}$ teoria Δ_0-completa. Se o conjunto das fórmulas $\mathcal{T}$-*usuais*$_G$ for representável em $\mathcal{T}$ então $\mathcal{T}$ ou é incoerente ou é incompleta.

Observação Podemos assumir que $\mathcal{T}$ é $\mathcal{TS}$, o conjunto de todas as fórmulas fechadas de LS que são verdadeiras em $\mathbb{HIF}$. Neste caso, a noção de representabilidade em $\mathcal{T}$ coincide com a noção de representabilidade utilizada em capítulos anteriores. Adicionalmente, $\mathcal{TS}$ é coerente e completa. Assim, recorrendo ao Lema A desta secção, sabemos que $\mathcal{TS}$-$usual_G$ não é representável, o que corresponde ao nosso Lema A anterior, apresentado na Secção 5.8.

Vamos, em seguida, estabelecer um resultado semelhante ao Lema B da Secção 5.8. A demonstração deste resultado deve também ser comparada com a da versão anterior.

Lema B Seja $\mathcal{T}$ teoria formal Δ_0-completa. O conjunto das fórmulas $\mathcal{T}$-$usuais_G$ é Σ.

Demonstração O conjunto das fórmulas $\mathcal{T}$-$usuais_G$ é composto por todas as fórmulas $\varphi(v_0)$ tais que $\neg\varphi(t) \in \mathcal{T}$, para algum termo fechado t que designe $\varphi(v_0)$. Como $\mathcal{T}$ é teoria formal então é Σ. Seja $A_\mathcal{T}(x)$ uma Σ-fórmula que representa $\mathcal{T}$. Então, o conjunto das fórmulas $\mathcal{T}$-$usuais_G$ é representado por $\mathsf{Usual}_G(v_0) =$

$$(\exists y)(\exists x)(\exists t)\{\mathsf{FórmulaRepresentante}(v_0)\wedge$$
$$\mathsf{Designa}(t, v_0) \wedge (x \text{ é } v_0(t))\wedge$$
$$(y \text{ é } \langle\!\langle\text{'}\neg\text{'}\rangle\!\rangle * x)\wedge$$
$$A_\mathcal{T}(y)\}$$

∎

Se combinarmos estes dois lemas concluimos imediatamente que qualquer teoria formal Δ_0-completa na qual todos os Σ-conjuntos sejam representáveis ou é incoerente ou é incompleta. Mas, de acordo com o Exercício 8.5.1, a representabilidade de Σ-conjuntos implica coerência e, por isso, temos a seguinte versão simplificada do resultado.

Teorema 8.5.3 (Teorema Gödel, Versão 2)
Toda a teoria Δ_0-completa na qual todo o Σ-conjunto seja representável é incompleta.

Corolário 8.5.4 *Toda a teoria formal Δ_0-completa e verdadeira é incompleta.*

Demonstração Basta recorrer à Proposição 8.3.4. ∎

Este resultado aplica-se a todas as teorias da Secção 7.6 mas para nos restringirmos apenas aos casos extremos que foram de facto verificados, temos o resultado seguinte.

Corolário 8.5.5 *Teoria*(CONJ_Q) *e Teoria*($\mathcal{S}_\Sigma$) *são incompletas.*

Andamos à procura de uma versão construtiva do Teorema 8.1.2 que afirma que $\mathcal{TS}$ não é uma teoria formal. Como vamos ver, o Teorema 8.5.3 é exatamente isso. Em primeiro lugar, implica o Teorema 8.1.2, desde que sejam permitidos modelos não construtivos. Do ponto de vista técnico temos o resultado seguinte.

Corolário 8.5.6 (Teorema 8.1.2) $\mathcal{TS}$ *não é uma teoria formal.*

Demonstração $\mathcal{TS}$ é Δ_0-completa, todo o Σ-conjunto é representável em $\mathcal{TS}$, e mostra-se trivialmente que não é incompleta. Logo, não pode ser uma teoria formal. ∎

É claro que este argumento faz uso, de modo essencial, de $\mathcal{TS}$ que é uma entidade não finitária — é um conjunto infinito visto como uma entidade 'completada'. Mas o argumento pode ser reformulado de uma forma mais concreta, de modo a mostrar que nenhuma teoria formal é adequada como axiomatização da teoria de conjuntos finitos. O argumento é o seguinte. Suponha-se que $\mathcal{T}$ é teoria formal e Δ_0-completa. Se for demasiado fraca para todo o Σ-conjunto ser lá representado então é demasiado fraca para ser satisfatória. Em caso contrário, tem que ser incompleta e, portanto, há questões acerca de conjuntos hereditariamente finitos às quais não consegue responder. Em qualquer dos casos, não é satisfatória.

Importa salientar que o argumento para a incompletude é completamente construtivo. Se todo o Σ-conjunto for representável numa teoria formal, conseguimos escrever uma fórmula fechada que a teoria não consegue decidir. O problema é que há ainda um aspeto não construtivo acerca de tudo isto. Suponha-se que temos uma particular teoria formal $\mathcal{T}$. Temos ou não uma receita para escrever uma fórmula fechada que não seja decidível em $\mathcal{T}$? Temos, desde que todo o Σ-conjunto seja representável em $\mathcal{T}$, mas não vimos ainda nenhum exemplo de teoria para a qual isto tenha sido demonstrado de forma construtiva — em cada caso particular, precisámos de saber se tínhamos uma teoria verdadeira e isto envolve a noção de verdade.

Em resumo: se tivermos uma evidência finitária de que uma teoria formal satisfaz as hipóteses do Teorema 8.5.3 então conseguimos encontrar um exemplo particular de uma fórmula fechada que é indecidível na teoria. Este argumento é bastante construtivo. Mas, até agora, ainda não temos nenhum exemplo de uma teoria formal para a qual a justificação de que verifica as condições do teorema tenha sido feita de forma construtiva. Voltaremos a este assunto mais tarde.

Terminamos esta secção com uma discussão acerca de $\mathcal{S}_\Sigma$, a qual verifica as condições do Teorema 8.5.3, embora não tenhamos nenhuma evidência finitária desse facto. A teoria *Teoria*($\mathcal{S}_\Sigma$) é um exemplo útil pois, não só todo o Σ-conjunto representável pertence a essa teoria, como é representado pelas mesmas Σ-fórmulas que o representam em $\mathbb{HF}$. Em sentido lato, sabemos o que é que as fórmulas representantes tentam exprimir. Assim, seguindo a receita dada na demonstração do Lema A acima, conseguimos construir uma fórmula fechada que não é decidível em $Teoria(\mathcal{S}_\Sigma)$. É interessante ver o que é que esta afirma.

Seja A uma Σ-fórmula que represente o conjunto das fórmulas $\mathcal{S}_\Sigma\text{-}usuais_G$. Então, para cada φ:

$$A(\ulcorner\varphi\urcorner) \text{ é verdadeira } \Leftrightarrow \varphi \text{ é fórmula } Teoria(\mathcal{S}_\Sigma)\text{-}usual_G.$$

Então, em particular

$$A(\ulcorner A\urcorner) \text{ é verdadeira } \Leftrightarrow A \text{ é } Teoria(\mathcal{S}_\Sigma)\text{-}usual_G.$$

Isto é,

$$A(\ulcorner A\urcorner) \text{ é verdadeira } \Leftrightarrow \neg A(\ulcorner A\urcorner) \in Teoria(\mathcal{S}_\Sigma).$$

A fórmula $A(\ulcorner A\urcorner)$ era o nosso exemplo de uma fórmula fechada que não era decidível na teoria. O que acabámos de ver é que *esta fórmula estabelece o facto de ela própria não se poder derivar na teoria.*

Com efeito, como $A(\ulcorner A\urcorner)$ não é decidível então $\neg A(\ulcorner A\urcorner) \notin Teoria(\mathcal{S}_\Sigma)$. Assim, pela última equivalência acima, $A(\ulcorner A\urcorner)$ tem que ser falsa (no modelo padrão) e, portanto, $\neg A(\ulcorner A\urcorner)$ é verdadeira. Consequentemente, $\neg A(\ulcorner A\urcorner)$ é um exemplo de uma fórmula fechada que é verdadeira no modelo padrão, mas que não se deriva a partir de $\mathcal{S}_\Sigma$.

Importa salientar que isto é diferente da demonstração do teorema de Gödel usando o teorema de Tarski (Teorema 5.8.2). Ao demonstrar esse resultado, vimos que se o conjunto de fórmulas usuais fosse representável, por exemplo por $A(v_0)$, então a fórmula fechada $A(\ulcorner A\urcorner)$ teria a propriedade desagradável de ser verdadeira se e só se fosse falsa. Daqui concluímos que $A(\ulcorner A\urcorner)$ não podia existir. Por outro lado, usando a demonstração agora apresentada, se $\mathcal{T}$ for uma teoria formal na qual todo o Σ-conjunto é representável então *existe* uma fórmula, também denotada acima por $A(\ulcorner A\urcorner)$, a qual nem ela nem a sua negação se conseguem derivar em $\mathcal{T}$ (e, adicionalmente, $\neg A(\ulcorner A\urcorner)$ é verdadeira). A tentativa de utilizar métodos construtivos deu-nos mais informação: dispomos de um exemplo particular de uma fórmula fechada não decidível.

Exercícios

Exercício 8.5.1 Mostre que se todo o Σ-conjunto for representável numa teoria Δ_0-completa então essa teoria é coerente.

Exercício 8.5.2 Enuncie e demonstre uma versão do Teorema 8.5.3 para a aritmética.

Exercício 8.5.3 Seja $\mathcal{T}$ teoria formal e Δ_0-completa na linguagem LS. Suponha que as instâncias de Σ-fórmulas que são verdadeiras em $\mathbb{HF}$ se conseguem derivar em $\mathcal{T}$ e que todas as fórmulas fechadas que se derivam em $\mathcal{T}$ são verdadeiras em $\mathbb{HF}$. Suponha ainda que a relação (x *não* é derivação de y em $\mathcal{T}$) é Σ. Isto é o que acontece normalmente, mas não vale a pena estar a estabelecer isso agora.

Fixe-se um termo fechado t. O problema consiste em construir uma fórmula A na linguagem LS que 'afirme' que t não é derivação de mim (na teoria $\mathcal{T}$). Em seguida mostre que A se deriva na teoria e que t não é uma sua derivação.

Segue-se um esboço da solução do problema. Uma fórmula $F(v_0)$ diz-se *t-usual* se t não for derivação de que $F(v_0)$ é elemento do conjunto que $F(v_0)$ representa em $\mathcal{T}$. Isto é, $F(v_0)$ é t-usual se t não for derivação de $F(f)$, em que f é termo fechado que designa $F(v_0)$.

1. Mostre que a coleção de fórmulas t-usuais é Σ. [Para os restantes elementos, seja $\Phi(v_0)$ uma Σ-fórmula que representa a coleção de fórmulas t-usuais e seja $\ulcorner\Phi\urcorner$ um termo fechado que designa Φ.]

2. Mostre que t não é derivação de $\Phi(\ulcorner\Phi\urcorner)$ em $\mathcal{T}$.

3. Mostre que $\Phi(\ulcorner\Phi\urcorner)$ se deriva em $\mathcal{T}$.

Então, $\Phi(\ulcorner\Phi\urcorner)$ é a fórmula fechada A de que andávamos à procura.

8.6 ω-Coerência

Tal como dissemos na secção anterior, não temos exemplos de teorias formais que verifiquem as condições do teorema de Gödel (Teorema 8.5.3), se insistirmos numa justificação construtiva desse facto. Gödel tentou restringir ao máximo os argumentos não construtivo. Sempre que demonstrámos, para uma teoria formal, que todas as Σ-relações era representáveis nessa teoria, fizemo-lo usando modelos. Gödel definiu a noção ω-coerência, que permite substituir argumentos semânticos por argumentos que envolvem apenas a noção de derivação, ganhando desta forma conteúdo construtivo. Gödel trabalhou com a aritmética — nós vamos continuar a trabalhar em $\mathbb{HF}$. Esta opção não introduz nenhuma diferença essencial.

Definição 8.6.1 Seja $\mathcal{T}$ teoria na linguagem LS. $\mathcal{T}$ é *ω-incoerente* se existir uma fórmula $\varphi(x)$ (apenas com a variável x livre) tal que $(\exists x)\varphi(x) \in \mathcal{T}$ e tal que $\neg\varphi(t) \in \mathcal{T}$, para todo o termo fechado t. A teoria $\mathcal{T}$ diz-se *ω-coerente* se não for ω-incoerente.

A ideia é muito simples. Uma teoria é ω-incoerente se conseguir derivar que algo tem a propriedade φ e, simultaneamente, conseguir derivar que todo o conjunto hereditariamente finito não tem essa propriedade. Note-se que a noção de ω-coerência apenas se refere às derivações — a noção de modelo, ou de verdade, não aparece. Por fim, uma teoria ω-coerente é trivialmente coerente uma vez que se for ω-coerente é porque alguma coisa não se deriva nessa teoria, isto é, nem todas as fórmulas fechadas pertencem à teoria.

Para aplicar o Teorema 8.5.3 é necessário saber que todo o Σ-conjunto é representável numa teoria formal. Para demonstrar este facto, é necessário mostrar quando é que certas fórmulas se derivam e quando é que não se derivam. (Uma fórmula representante deverá ser derivável para os nomes dos elementos do conjunto que supostamente representa e não se deverá conseguir derivar para os nomes dos não elementos). Em geral, mostrar de forma construtiva que algo não é derivável é mais difícil do que mostrar que algo é derivável. Para mostrar que algo se deriva basta exibir uma derivação, que é um objeto finitário. Para mostrar que algo não se deriva não podemos, em geral, dar um contraexemplo, a não ser que este seja finitário. Os recursos à nossa disposição nesta direção são poucos e não são uniformes. Gödel observou que a noção de ω-coerência poderia ser útil neste ponto essencialmente porque o próximo resultado tem uma demonstração simples e *construtiva*.

Proposição 8.6.2 *Seja* $\mathcal{T}$ *teoria* Δ_0-*completa. Se* $\mathcal{T}$ *é* ω-*coerente então todo o* Σ-*conjunto é representável em* $\mathcal{T}$.

Demonstração Suponha-se que $\mathcal{T}$ é Δ_0-completa e ω-coerente. Suponha-se ainda que S é um Σ-conjunto. Vamos mostrar que S é representável em $\mathcal{T}$.

Como S é Σ, pelo Teorema 3.6.2 da forma normal, existe uma Σ_1-fórmula que o representa em $\mathbb{HF}$, por exemplo $(\exists x)\varphi(x, v_0)$, onde $\varphi(x, v_0)$ é Δ_0-fórmula. Vamos mostrar que essa mesma fórmula representa S na teoria $\mathcal{T}$.

Em primeiro lugar, suponha-se que $s \in S$. Seja t termo fechado que designa s. Segue-se que $(\exists x)\varphi(x, t)$ é verdadeira em $\mathbb{HF}$. Mas então, para um termo fechado u, $\varphi(u, t)$ vai ser verdadeira em $\mathbb{HF}$. Esta é instância de uma Δ_0-fórmula e portanto deriva-se em $\mathcal{T}$, por Δ_0-completude. Como $\varphi(u, t) \supset (\exists x)\varphi(x, t)$ é teorema de lógica de primeira ordem, então deriva-se $(\exists x)\varphi(x, t)$ em $\mathcal{T}$.

Reciprocamente, suponha-se que se deriva $(\exists x)\varphi(x, t)$ em $\mathcal{T}$. Como $\mathcal{T}$ é ω-coerente então $\neg\varphi(u, t)$ não se deriva em $\mathcal{T}$, para algum termo fechado u. Mas $\neg\varphi(u, t)$ também é instância de uma Δ_0-fórmula, logo tem que ser falsa em $\mathbb{HF}$, pois caso contrário derivar-se-ia em $\mathcal{T}$. Assim, $\varphi(u, t)$ é verdadeira em $\mathbb{HF}$, consequentemente, $(\exists x)\varphi(x, t)$ também o é e, portanto, $s \in S$. ∎

Embora se tenha usado várias vezes a noção de verdade na demonstração anterior, se olharmos para esta com atenção concluímos que apenas foi realizada para instâncias de Δ_0-fórmulas e Σ-fórmulas. A veracidade de Δ_0-

fórmulas é decidível e existe um procedimento de semidecisão para Σ-fórmulas. Consequentemente, a demonstração tem uma natureza construtiva. Assim, combinando este resultado com o Teorema 8.5.3, obtemos uma demonstração construtiva do seguinte resultado.

Teorema 8.6.3 (Teorema de Gödel, Versão 3)
Seja $\mathcal{T}$ teoria formal que é Δ_0-completa e ω-coerente. Então $\mathcal{T}$ é incompleta.

O nosso trabalho foi realizado no contexto da teoria de conjuntos — Gödel trabalhou na aritmética. Contudo, as técnicas são as mesmas. O teorema anterior tem exatamente o mesmo enunciado em ambos os casos, embora, como é óbvio, a noção Δ_0 varie. A aritmética de Peano, *AP*, tem a propriedade de que toda a instância de uma Δ_0-fórmula da aritmética pode lá ser derivada. Com efeito, isto também se passa para o caso da teoria mais restrita *Q*. Em ambos os casos, o argumento é construtivo e é realizado essencialmente por indução na complexidade das Δ_0-fórmulas. Uma vez realizado, obtemos uma demonstração completamente construtiva do resultado seguinte, que é o enunciado do teorema de Gödel tal como ele o enunciou originalmente.

Teorema 8.6.4 *Se a aritmética de Peano é ω-coerente então é incompleta.*

Capítulo 9

Teorema de Church, teorema de Rosser

9.1 Introdução

Ficaram dois tópicos pendentes do capítulo anterior. Vimos que a noção de *usual* se subdividiu em duas quando passámos de representabilidade em $\mathbb{HF}$ para representabilidade em teorias. Observámos que ao usar uma dessas versões obtivemos a demonstração de Gödel para o seu próprio teorema. E a segunda versão? Este vai um dos dois tópicos pendentes que vamos resolver neste capítulo: vamos ver que a outra versão da noção de usual nos vai permitir obter um outro resultado importante, o teorema de Church e, por isso, vamos chamar a essa noção $usual_C$.

A versão do teorema de Gödel a que chegámos afirma que a aritmética de Peano é incompleta desde que seja ω-coerente. A noção de ω-coerência, embora não seja artificial, parece um pouco *ad hoc*. Era interessante tentar encontrar uma noção mais simples para a substituir mas que mesmo assim nos permitisse obter um argumento construtivo. Com efeito, a noção de *coerência* original serve, se se substituir o argumento de Gödel por um argumento mais complicado, que se deve a Rosser. Este é o outro tópico pendente que se vai resolver. Na realidade, na demonstração do teorema de Rosser, vamos recorrer a ambas as versões da noção de usual.

9.2 Teorema de Church

Tal como foi salientado na Secção 8.4, a noção de usual adequada para quando estamos a usar os modelos $\mathbb{HF}$ e $\mathbb{N}$ subdivide-se em duas quando se estende a teorias, que podem ser incompletas ou incoerentes. Na Secção 8.5, vimos quais as consequências de adotar uma das versões (cf. Definição 8.5.1). Essa escolha conduziu-nos, em particular, à demonstração que Gödel apresentou para o seu primeiro teorema da incompletude. Vamos agora estudar a outra versão. Tal como anteriormente, vamos continuar a utilizar a linguagem LS, em vez de LA, e, como tal, vamos fazer referência à noção de ser Σ em vez de falar da noção de ser recursivamente enumerável, e à noção de ser Δ em vez de ser recursivo. Contudo, a versão aritmética demonstra-se usando o mesmo argumento.

Definição 9.2.1 Seja $\mathcal{T}$ teoria Δ_0-completa (não necessariamente formal) e seja $\varphi(v_0)$ fórmula representante. Dizemos que φ é $\mathcal{T}$-$usual_C$ se $\varphi(\ulcorner\varphi\urcorner) \notin \mathcal{T}$. De modo equivalente, φ é $\mathcal{T}$-$usual_C$ se não pertencer ao conjunto que representa em $\mathcal{T}$.

Uma vez mais, vamos tentar obter um resultado análogo ao Lema A da Secção 5.8. Desta vez ficamos perto.

Lema A Seja $\mathcal{T}$ teoria Δ_0-completa. Então, o conjunto das fórmulas $\mathcal{T}$-$usuais_C$ não é representável em $\mathcal{T}$.

Demonstração Suponha-se o contrário. Seja $\mathcal{T}$ teoria Δ_0-completa e suponha-se que o conjunto das fórmulas $\mathcal{T}$-$usuais_C$ é representável em $\mathcal{T}$, por exemplo por $A(v_0)$. Como habitualmente, isto significa que se φ é uma qualquer fórmula representante,

$$A(\ulcorner\varphi\urcorner) \in \mathcal{T} \iff \varphi \text{ é } \mathcal{T}\text{-}usual_C.$$

E, pela definição,

$$\varphi \text{ é } \mathcal{T}\text{-}usual_C \iff \varphi(\ulcorner\varphi\urcorner) \notin \mathcal{T}.$$

Combinando estas duas condições

$$A(\ulcorner\varphi\urcorner) \in \mathcal{T} \iff \varphi(\ulcorner\varphi\urcorner) \notin \mathcal{T}.$$

Em seguida, seja φ a própria fórmula A. Segue-se

$$A(\ulcorner A\urcorner) \in \mathcal{T} \iff A(\ulcorner A\urcorner) \notin \mathcal{T}.$$

Isto é claramente impossível e, consequentemente, o conjunto das fórmulas $\mathcal{T}$-$usuais_C$ não é representável em $\mathcal{T}$. ∎

Observação Podemos uma vez mais observar o que é que acontece quando $\mathcal{T}$ é $\mathcal{TS}$. Neste caso, a noção de representabilidade em $\mathcal{T}$ coincide com a noção de representabilidade em $\mathbb{HF}$ e a noção de $\mathcal{T}$-$usual_C$ coincide com a noção de usual. Logo, a versão anterior do Lema A é um caso particular deste Lema A.

Vamos, em seguida, tentar estabelecer um resultado análogo ao Lema B da Secção 5.8. Note-se que no enunciado seguinte se utiliza a noção de ser Δ — não se trata de um erro de impressão relativamente a Δ_0.

Lema B Seja $\mathcal{T}$ teoria Δ_0-completa. Se $\mathcal{T}$ for Δ então o conjunto das fórmulas $\mathcal{T}$-*usuais*$_C$ é Σ.

Demonstração O conjunto das fórmulas $\mathcal{T}$-*usuais*$_C$ é composto por todas as fórmulas representantes φ tais que $\varphi(\ulcorner\varphi\urcorner) \notin \mathcal{T}$. Se assumirmos que $\mathcal{T}$ é Δ então existe uma fórmula, por exemplo $\overline{A}_{\mathcal{T}}(x)$, que representa o complementar de $\mathcal{T}$. Logo, o conjunto das fórmulas $\mathcal{T}$-*usuais*$_C$ vai ser representado por: $\mathsf{Usual}_C(v_0) =$

$$(\exists x)(\exists t)\{\mathsf{F\acute{o}rmulaRepresentante}(v_0)\wedge$$
$$\mathsf{Designa}(t, v_0) \wedge (x \text{ igual a } v_0(t))\wedge$$
$$\overline{A}_{\mathcal{T}}(x)\}.$$

∎

Ao combinarmos estes dois resultados, obtemos imediatamente o resultado seguinte.

Teorema 9.2.2 *Se $\mathcal{T}$ for teoria Δ_0-completa qualquer na qual todo o Σ-conjunto é representável então o conjunto $\mathcal{T}$ não é Δ.*

Demonstração Se $\mathcal{T}$ for Δ então, pelo Lema B, o conjunto das fórmulas $\mathcal{T}$-*usuais*$_C$ é Σ. Adicionalmente, se todo o Σ-conjunto fosse representável em $\mathcal{T}$ então o conjunto das fórmulas $\mathcal{T}$-*usuais*$_C$ seria representável em $\mathcal{T}$, contrariando o Lema A. ∎

O resultado seguinte resulta da Proposição 8.1.1 e da Proposição 8.3.4.

Corolário 9.2.3 *Se $\mathcal{T}$ for teoria formal e Δ_0-completa na qual todo o Σ-conjunto é representável então $\mathcal{T}$ é Σ mas não é Δ. Em particular, se $\mathcal{T}$ for teoria verdadeira e Δ_0-completa então $\mathcal{T}$ é Σ mas não é Δ.*

O Teorema 6.3.6 afirma que $\mathcal{S}_\Sigma$ é Σ mas não é Δ. Isto estende-se ao conjunto das consequências de $\mathcal{S}_\Sigma$.

Corolário 9.2.4 *Teoria($\mathcal{S}_\Sigma$) é Σ mas não é Δ.*

Church trabalhou num contexto aritmético em vez de, como aqui foi feito, num contexto de teoria de conjuntos. Tal como se disse acima, a demonstração apresentada funciona bem em ambos os casos mas, no caso aritmético, é necessário usar os números de Gödel das fórmulas. Se isto for feito, obtemos o resultado seguinte.

Teorema 9.2.5 (Teorema de Church)
Suponha-se que $\mathcal{T}$ é teoria aritmética Δ_0-completa e formal na qual todo o conjunto recursivamente enumerável é representável. Então, $\mathcal{T}$ é recursivamente enumerável mas não é recursiva.

Quer usemos a versão aritmética ou a versão de teoria de conjuntos, o teorema de Church afirma que qualquer teoria formal suficientemente forte não pode ter um procedimento de decisão. Os deuses da matemática devem adorar os matemáticos — não fizeram nenhum seu substituto mecânico.

Nos exercícios no fim da Secção 7.6, pediu-se ao leitor que mostrasse que *CONJ_Q* era Δ_0-completa. É também uma teoria verdadeira. Logo, pela Proposição 8.3.4, todo o Σ-conjunto é representável em *CONJ_Q*. E, neste caso, o Teorema 9.2.2 afirma que *Teoria(CONJ_Q)* não tem procedimento de decisão. Isto tem uma consequência notável, uma vez que *CONJ_Q* é finitamente axiomatizável. O argumento seguinte é apresentado de um modo informal embora possa ser facilmente transformado num argumento formal.

Suponha-se que existia um procedimento de decisão para a lógica de primeira ordem. Isto é, suponha-se que dispúnhamos de uma forma de decidir quais as fórmulas que são válidas e quais as que não são. Então, teríamos também um procedimento de decisão para *Teoria(CONJ_Q)*. *CONJ_Q* tem 3 axiomas, que vamos denotar por A_1, A_2, A_3. Então (usando o teorema da dedução para a lógica de primeira ordem) $X \in$ *Teoria(CONJ_Q)* se e só se $(A_1 \wedge A_2 \wedge A_3) \supset X$ é válida. Logo, se fosse possível decidir a validade de fórmulas de primeira ordem, poderíamos também testar se uma fórmula pertencia ou não a *Teoria(CONJ_Q)*. Isto conduz-nos a outro teorema de Church.

Teorema 9.2.6 *Não existe procedimento de decisão para a lógica de primeira ordem (na linguagem LS).*

A linguagem *LS* contém um símbolo de relação ε, um símbolo de constante $\varnothing$ e um símbolo de função $\mathbb{A}$. Na Secção 3.4, vimos que as ocorrência dos símbolos $\varnothing$ e $\mathbb{A}$ podem ser eliminadas das fórmulas recorrendo a ε, desde que estejamos a trabalhar em $\mathbb{HF}$ e a usar a noção semântica de verdade. Isto também pode ser feito para *CONJ_Q*. Podemos reformular os axiomas no sistema *CONJ_Q$_0$*, que a seguir se descreve (o leitor deverá comparar estes axiomas com os axiomas para *CONJ_Q* na Secção 7.6). Recorde-se ainda que $x \approx y$ abrevia uma fórmula cujo único símbolo de relação é ε.

1. (Extensão) $(\forall x)(\forall y)[x \approx y \supset (\forall z)(x \,\varepsilon\, z \supset y \,\varepsilon\, z)]$.

2. (Conjunto vazio) $(\exists y)(\forall x)\neg(x \,\varepsilon\, y)$.

3. (Adição) $(\forall x)(\forall y)(\exists w)(\forall z)[z \,\varepsilon\, w \equiv (z \,\varepsilon\, x \vee z \approx y)]$.

Cada fórmula X de LS pode ser rescrita numa outra fórmula X_0 sem símbolos de constante nem símbolos de função, usando apenas o símbolo de relação ε, de tal forma que X é teorema de $CONJ\_Q$ se e só se X_0 é teorema de $CONJ\_Q_0$. Nestas condições, podemos reduzir a noção de derivação em $CONJ\_Q_0$ à de validade em lógica de primeira ordem, tal como foi feito acima para $CONJ\_Q$, mas neste caso temos uma linguagem mais simples. Isto leva-nos ao próximo resultado que é um teorema de Church tal como ele o enunciou.

Teorema 9.2.7 *Não existe procedimento de decisão para a lógica de primeira ordem usando uma linguagem L com apenas um símbolo de relação binário e sem símbolos de constante nem símbolos de função.*

O resultado não pode ser melhorado. Mostra-se que existe um procedimento de decisão para a lógica de primeira ordem no caso da linguagem L ter apenas um símbolo de relação unário.

Exercícios

Exercício 9.2.1 Modifique as demonstrações que apresentámos para o Lema A e para o Lema B, e demonstre o Teorema 9.2.5.

9.3 Teorema de Rosser

O primeiro teorema da incompletude Gödel, quando abordado pela via do teorema de Tarski, tem uma demonstração não construtiva. Quando abordado pela via da demonstração original de Gödel, o argumento é construtivo mas precisamos da hipótese algo peculiar de ω-coerência. Rosser conseguiu manter o argumento construtivo mantendo a hipótese de coerência mais simples, pagando o preço de as coisas se complicarem, embora de uma forma bastante engenhosa. Vamos apresentar o seu argumento numa terminologia ligeiramente alterada, usando as nossas duas noções de usual. Vamos começar por recordar essas duas noções. No que se segue, $\mathcal{T}$ é teoria Δ_0-completa na linguagem LS e φ é uma fórmula representante.

Definições repetidas

1. φ é $\mathcal{T}$-$usual_G$ se $\neg\varphi(\ulcorner\varphi\urcorner) \in \mathcal{T}$.

2. φ é $\mathcal{T}$-$usual_C$ se $\varphi(\ulcorner\varphi\urcorner) \notin \mathcal{T}$.

A demonstração de Gödel baseou-se em representar o conjunto das fórmulas $\mathcal{T}$-$usuais_G$ em $\mathcal{T}$. A noção de ω-coerência surge quando é necessário verificar que $\mathcal{T}$ satisfaz as condições necessárias para a demonstração de Gödel se poder aplicar. A demonstração de Church, por seu lado, baseou-se no facto de o conjunto das fórmulas $\mathcal{T}$-*usuais*$_C$ não poder ser representado em $\mathcal{T}$.

É fácil mostrar que se $\mathcal{T}$ é coerente então qualquer fórmula $\mathcal{T}$-*usual*$_G$ também é $\mathcal{T}$-*usual*$_C$. A demonstração de Rosser baseia-se em representar em $\mathcal{T}$ um conjunto *entre* o conjunto das fórmulas $\mathcal{T}$-*usuais*$_G$ e o conjunto das fórmulas $\mathcal{T}$-*usuais*$_C$. Apresentamos em seguida a versão do já nosso conhecido Lema A, que combina aspetos da versão de Gödel e da versão de Church.

Lema A Seja $\mathcal{T}$ teoria coerente e Δ_0-completa. Se existir um conjunto S representável em $\mathcal{T}$ tal que

$$\{\varphi \mid \varphi \text{ é } \mathcal{T}\text{-}usual_G\} \subseteq S \subseteq \{\varphi \mid \varphi \text{ é } \mathcal{T}\text{-}usual_C\}$$

então $\mathcal{T}$ é incompleta.

Demonstração Suponha-se que o conjunto S se encontra entre os conjuntos $\{\varphi \mid \varphi \text{ é } \mathcal{T}\text{-}usual_G\}$ e $\{\varphi \mid \varphi \text{ é } \mathcal{T}\text{-}usual_C\}$ e que é representável em $\mathcal{T}$ por $S(v_0)$. Isto significa que se φ for uma fórmula representante qualquer,

$$\varphi \text{ é } \mathcal{T}\text{-}usual_G \Longrightarrow S(\ulcorner\varphi\urcorner) \in \mathcal{T}$$

e

$$S(\ulcorner\varphi\urcorner) \in \mathcal{T} \Longrightarrow \varphi \text{ é } \mathcal{T}\text{-}usual_C.$$

Pelas definições,

$$\neg\varphi(\ulcorner\varphi\urcorner) \in \mathcal{T} \Longrightarrow S(\ulcorner\varphi\urcorner) \in \mathcal{T}$$

e

$$S(\ulcorner\varphi\urcorner) \in \mathcal{T} \Longrightarrow \varphi(\ulcorner\varphi\urcorner) \notin \mathcal{T}.$$

Isto verifica-se para qualquer fórmula representante φ. Seja φ o próprio S. Então

$$\neg S(\ulcorner S\urcorner) \in \mathcal{T} \Longrightarrow S(\ulcorner S\urcorner) \in \mathcal{T}$$

e

$$S(\ulcorner S\urcorner) \in \mathcal{T} \Longrightarrow S(\ulcorner S\urcorner) \notin \mathcal{T}.$$

Se $S(\ulcorner S\urcorner) \in \mathcal{T}$ se verificasse, a segunda das implicações anteriores conduzir-nos-ia a uma contradição. Logo, $S(\ulcorner S\urcorner) \notin \mathcal{T}$. Mas então, pela primeira implicação, temos também que $\neg S(\ulcorner S\urcorner) \notin \mathcal{T}$. Assim, podemos concluir que $\mathcal{T}$ é incompleta. ∎

9.4 Teorema de Rosser, continuação

Vamos agora estabelecer a incompletude de teorias em *LS*, recorrendo às ideias de Rosser, sem usar a noção de ω-coerência mas apenas a noção de coerência. O preço a pagar, em parte, é o facto de serem necessárias hipóteses adicionais acerca do poder da teoria mas, ao contrário da ω-coerência, estas hipóteses são todas acerca de certas fórmulas *pertencerem* à teoria e, como tal, serem objeto de verificação construtiva.

Ao longo desta secção, vamos usar a convenção de que $G(x,y)$ é uma fórmula que representa a relação de enumeração de Gödel, x é o número de Gödel de y. Vamos também assumir que $(x \approx y)$ é abreviatura da Δ_0-fórmula $(\forall z \, \varepsilon \, x)(z \, \varepsilon \, y) \wedge (\forall z \, \varepsilon \, y)(z \, \varepsilon \, x)$, como é habitual quando se trabalha em *LS*.

Definição 9.4.1 Uma fórmula $\varphi(v_0, v_1)$ *enumera* o conjunto $S \subseteq R_\omega$ na teoria Δ_0-completa $\mathcal{T}$ se:

1. $s \in S$ implica que $\varphi(\ulcorner s \urcorner, \ulcorner n \urcorner) \in \mathcal{T}$, para algum número $n \in \omega$,

2. $s \notin S$ implica que $\neg\varphi(\ulcorner s \urcorner, \ulcorner n \urcorner) \in \mathcal{T}$, para todo o número $n \in \omega$.

Um conjunto diz-se *enumerável em* $\mathcal{T}$ se existir uma fórmula que o enumere.

Informalmente, isto significa que se S for enumerável em $\mathcal{T}$ então cada elemento de S tem um certificado numérico, um número, que certifica que esse elemento pertence ao conjunto e para os elementos que não pertencem a S nada serve como certificado numérico, e tudo isto pode ser feito no âmbito de $\mathcal{T}$.

Definição 9.4.2 A fórmula $G(x,y)$ *define fortemente* a relação de enumeração de Gödel na teoria Δ_0-completa $\mathcal{T}$ se:

1. Se n for o número de Gödel de s então $G(\ulcorner n \urcorner, \ulcorner s \urcorner) \in \mathcal{T}$;

2. Se n não for o número de Gödel de s então $\neg G(\ulcorner n \urcorner, \ulcorner s \urcorner) \in \mathcal{T}$;

3. Se n for o número de Gödel de s então $(\forall x)[G(\ulcorner n \urcorner, x) \supset x \approx \ulcorner s \urcorner] \in \mathcal{T}$.

O resultado seguinte estabelece a ligação entre enumeração e ter uma relação de enumeração de Gödel fortemente definida.

Proposição 9.4.3 *Suponha-se que* $\mathcal{T}$ *é teoria* Δ_0-*completa na linguagem* LS *e que* $G(x,y)$ *define fortemente a relação de enumeração de Gödel em* $\mathcal{T}$. *Então todo o* Σ-*conjunto é enumerável em* $\mathcal{T}$.

Demonstração Suponha-se que $\mathcal{T}$ é Δ_0-completa e que $G(x,y)$ define fortemente a relação de enumeração de Gödel em $\mathcal{T}$. Seja S um Σ-conjunto; vamos mostrar que S é enumerável em $\mathcal{T}$.

Pelo Teorema 3.6.2 da forma normal, S é também Σ_1 e, portanto, existe Δ_0-fórmula, $\varphi(v_0,v_1)$, tal que $(\exists v_1)\varphi(v_0,v_1)$ representa S. Seja $A(v_0,v_1)$ a fórmula $(\exists v_2)[\varphi(v_0,v_2) \wedge G(v_1,v_2)]$. Vamos mostrar que esta fórmula enumera S em $\mathcal{T}$.

Seja $s \in S$. Então, $(\exists v_1)\varphi(\ulcorner s \urcorner, v_1)$ é verdadeira em $\mathbb{HF}$ uma vez que $(\exists v_1)\varphi(v_0,v_1)$ representa S. Segue-se que $\varphi(\ulcorner s \urcorner, \ulcorner t \urcorner)$ é verdadeira, para algum t. Uma vez que esta é uma Δ_0-fórmula verdadeira então $\varphi(\ulcorner s \urcorner, \ulcorner t \urcorner) \in \mathcal{T}$. Seja n o número de Gödel de t. Como $G(x,y)$ define fortemente a relação de enumeração de Gödel então $G(\ulcorner n \urcorner, \ulcorner t \urcorner) \in \mathcal{T}$. Consequentemente, temos que $[\varphi(\ulcorner s \urcorner, \ulcorner t \urcorner) \wedge G(\ulcorner n \urcorner, \ulcorner t \urcorner)] \in \mathcal{T}$, o que implica que $(\exists v_1)[\varphi(\ulcorner s \urcorner, v_1) \wedge G(\ulcorner n \urcorner, v_1)] \in \mathcal{T}$, ou seja, $A(\ulcorner s \urcorner, \ulcorner n \urcorner) \in \mathcal{T}$.

Suponha-se agora que $s \notin S$ e seja k um número qualquer; vamos mostrar que $\neg A(\ulcorner s \urcorner, \ulcorner k \urcorner) \in \mathcal{T}$. Seja t o conjunto que tem k como número de Gödel. Como $s \notin S$ então $\varphi(\ulcorner s \urcorner, \ulcorner t \urcorner)$ é falsa em $\mathbb{HF}$ pois, em caso contrário, teríamos $(\exists v_1)\varphi(\ulcorner s \urcorner, v_1)$ verdadeira e, consequentemente, $s \in S$. Como $\neg\varphi(\ulcorner s \urcorner, \ulcorner t \urcorner)$ é uma Δ_0-fórmula verdadeira então $\neg\varphi(\ulcorner s \urcorner, \ulcorner t \urcorner) \in \mathcal{T}$. E, como $G(x,y)$ define fortemente a relação de enumeração de Gödel em $\mathcal{T}$ então $(\forall v_2)[G(\ulcorner k \urcorner, v_2) \supset v_2 \approx \ulcorner t \urcorner] \in \mathcal{T}$. Isto implica que $(\forall v_2)[G(\ulcorner k \urcorner, v_2) \supset \neg\varphi(\ulcorner s \urcorner, v_2)] \in \mathcal{T}$ ou, de forma equivalente, $\neg(\exists v_2)[G(\ulcorner k \urcorner, v_2) \wedge \varphi(\ulcorner s \urcorner, v_2)] \in \mathcal{T}$ e, portanto, $\neg A(\ulcorner s \urcorner, \ulcorner k \urcorner) \in \mathcal{T}$.

∎

Apresentamos em seguida algumas abreviaturas que facilitam a leitura das fórmulas:

$$(\forall x \leq \ulcorner n \urcorner)\varphi \quad \text{abrevia} \quad (\forall x)[(\text{Número}(x) \wedge x \leq \ulcorner n \urcorner) \supset \varphi]$$
$$(\exists x \leq \ulcorner n \urcorner)\varphi \quad \text{abrevia} \quad (\exists x)[\text{Número}(x) \wedge x \leq \ulcorner n \urcorner \wedge \varphi].$$

O resultado seguinte é central para o que se segue mas a sua demonstração não é difícil — deixa-se como exercício.

Proposição 9.4.4 *Seja $\mathcal{T}$ teoria formal e Δ_0-completa. Suponha-se que para algum número n se tem*

$$(\forall x \leq \ulcorner n \urcorner)[x \approx \ulcorner 0 \urcorner \vee x \approx \ulcorner 1 \urcorner \vee \ldots \vee x \approx \ulcorner n \urcorner] \in \mathcal{T}.$$

Então, para toda a fórmula $\varphi(x)$,

$$(\forall x \leq \ulcorner n \urcorner)\varphi(x) \equiv [\varphi(\ulcorner 0 \urcorner) \wedge \varphi(\ulcorner 1 \urcorner) \wedge \ldots \wedge \varphi(\ulcorner n \urcorner)] \in \mathcal{T}$$
$$(\exists x \leq \ulcorner n \urcorner)\varphi(x) \equiv [\varphi(\ulcorner 0 \urcorner) \vee \varphi(\ulcorner 1 \urcorner) \vee \ldots \vee \varphi(\ulcorner n \urcorner)] \in \mathcal{T}.$$

Segue-se a nossa versão do teorema de Rosser, ligeiramente modificado para incorporar a nossa abordagem baseada em teoria de conjuntos.

Teorema 9.4.5 (Teorema de Rosser)
Seja $\mathcal{T}$ teoria formal e Δ_0-completa que satisfaz as condições seguintes.

1. *$G(x, y)$ define fortemente a relação de enumeração de Gödel em $\mathcal{T}$.*

2. *Para cada número n, $(\forall x \leq \ulcorner n \urcorner)[x \approx \ulcorner 0 \urcorner \vee x \approx \ulcorner 1 \urcorner \vee \ldots \vee x \approx \ulcorner n \urcorner] \in \mathcal{T}$.*

3. *Para cada número n, $(\forall x)[\mathsf{Número}(x) \supset (x \leq \ulcorner n \urcorner \vee \ulcorner n \urcorner \leq x)] \in \mathcal{T}$.*

Se $\mathcal{T}$ for coerente então $\mathcal{T}$ é incompleta.

Demonstração Suponha-se que as várias condições do enunciado sobre $\mathcal{T}$, incluindo coerência, se verificam. Para mostrar que $\mathcal{T}$ é incompleta basta mostrar, de acordo com o Lema A da secção anterior, que existe um conjunto representável em $\mathcal{T}$, entre o conjunto das fórmulas $\mathcal{T}$-*usuais$_G$* e o conjunto das fórmulas $\mathcal{T}$-*usuais$_C$*. É precisamente isto que nós vamos fazer.

Uma vez que $\mathcal{T}$ é uma teoria formal e Δ_0-completa, o conjunto das fórmulas $\mathcal{T}$-*usuais$_G$* é Σ — isto é o Lema B da Secção 8.5. Um argumento semelhante mostra que o conjunto das fórmulas que *não* são $\mathcal{T}$-*usuais$_C$* também é Σ. Então, pela Proposição 9.4.3, estes conjuntos são ambos enumeráveis em $\mathcal{T}$. Vamos assumir que $A(x, y)$ enumera em $\mathcal{T}$ o conjunto das fórmulas que são $\mathcal{T}$-*usuais$_G$* e que $B(x, y)$ enumera em $\mathcal{T}$ o conjunto das fórmulas que não são $\mathcal{T}$-*usuais$_C$*.

Seja agora $S(v_0)$ a fórmula seguinte

$$(\forall y)\{\mathsf{Número}(y) \supset [B(v_0, y) \supset (\exists z)[\mathsf{Número}(z) \wedge z \leq y \wedge A(v_0, z)]]\}.$$

Vamos verificar que o conjunto representado por $S(v_0)$ em $\mathcal{T}$ se encontra entre o conjunto das fórmulas $\mathcal{T}$-*usuais$_G$* e o conjunto das fórmulas $\mathcal{T}$-*usuais$_C$*, o que permitirá concluir a demonstração

Parte I Suponha-se que F é $\mathcal{T}$-*usual$_G$*; vamos mostrar que pertence ao conjunto representando por $S(v_0)$ em $\mathcal{T}$.

F é $\mathcal{T}$-*usual$_G$* e $A(x, y)$ enumera a coleção de fórmulas $\mathcal{T}$-*usuais$_G$* em $\mathcal{T}$. Então, $A(\ulcorner F \urcorner, \ulcorner n \urcorner) \in \mathcal{T}$, para algum número n. Também por definição de $\mathcal{T}$-*usual$_G$*, temos que $\neg F(\ulcorner F \urcorner) \in \mathcal{T}$ e, como $\mathcal{T}$ é coerente, então $F(\ulcorner F \urcorner) \notin \mathcal{T}$, o que nos diz que F também é $\mathcal{T}$-*usual$_C$*. Como $B(x, y)$ enumera as fórmulas que não são $\mathcal{T}$-*usuais$_C$*, então $\neg B(\ulcorner F \urcorner, \ulcorner k \urcorner) \in \mathcal{T}$, para todo o número k. Logo, $\neg B(\ulcorner F \urcorner, \ulcorner 0 \urcorner) \wedge \neg B(\ulcorner F \urcorner, \ulcorner 1 \urcorner) \wedge \ldots \wedge \neg B(\ulcorner F \urcorner, \ulcorner n \urcorner) \in \mathcal{T}$ e, pela Proposição 9.4.4, $(\forall y \leq \ulcorner n \urcorner)\neg B(\ulcorner F \urcorner, y) \in \mathcal{T}$. Desenvolvendo as abreviaturas,

$$(\forall y)[(\mathsf{Número}(y) \wedge y \leq \ulcorner n \urcorner) \supset \neg B(\ulcorner F \urcorner, y)]$$

recorrendo à lógica clássica,

$$(\forall y)\{\text{Número}(y) \supset [B(\ulcorner F \urcorner, y) \supset \neg(y \leq \ulcorner n \urcorner)]\}$$

e, pela hipótese 3,

$$(\forall y)\{\text{Número}(y) \supset [B(\ulcorner F \urcorner, y) \supset (\ulcorner n \urcorner \leq y)]\}$$

como $A(\ulcorner F \urcorner, \ulcorner n \urcorner) \in \mathcal{T}$ então

$$(\forall y)\{\text{Número}(y) \supset [B(\ulcorner F \urcorner, y) \supset (\ulcorner n \urcorner \leq y \wedge A(\ulcorner F \urcorner, \ulcorner n \urcorner))]\}$$

e, portanto, (pelo facto de Número($\ulcorner n \urcorner$) ser instância verdadeira de Δ_0-fórmula que pertence a $\mathcal{T}$),

$$(\forall y)\{\text{Número}(y) \supset [B(\ulcorner F \urcorner, y) \supset (\exists z)[\text{Número}(z) \wedge z \leq y \wedge A(\ulcorner F \urcorner, z)]]\}$$

ou $S(\ulcorner F \urcorner)$. Isto conclui a primeira parte do argumento.

Parte II Suponha-se que F pertence ao conjunto representado por $S(v_0)$ em $\mathcal{T}$; vamos mostrar que F é $\mathcal{T}$-*usual$_C$*. O argumento vai ser apresentado por contrarrecíproco.

Suponha-se que F não é $\mathcal{T}$-*usual$_C$*. Então, uma vez que $B(x, y)$ enumera as fórmulas que não são $\mathcal{T}$-*usuais$_C$*, temos que $B(\ulcorner F \urcorner, \ulcorner n \urcorner) \in \mathcal{T}$, para algum número n. Como $\mathcal{T}$ é coerente então toda a fórmula $\mathcal{T}$-*usual$_G$* é também $\mathcal{T}$-*usual$_C$* e, como tal, podemos concluir que F não é $\mathcal{T}$-*usual$_G$* e, portanto, $\neg A(\ulcorner F \urcorner, \ulcorner k \urcorner) \in \mathcal{T}$, para todo o número k. Em particular, $\neg A(\ulcorner F \urcorner, \ulcorner 0 \urcorner) \wedge \neg A(\ulcorner F \urcorner, \ulcorner 1 \urcorner) \wedge \ldots \wedge \neg A(\ulcorner F \urcorner, \ulcorner n \urcorner) \in \mathcal{T}$. Logo, pela Proposição 9.4.4, temos $(\forall z \leq \ulcorner n \urcorner)\neg A(\ulcorner F \urcorner, z) \in \mathcal{T}$. Então, podemos concluir que

$$B(\ulcorner F \urcorner, \ulcorner n \urcorner) \wedge (\forall z \leq \ulcorner n \urcorner)\neg A(\ulcorner F \urcorner, z) \in \mathcal{T}.$$

Mas assim, temos que

$$\neg[B(\ulcorner F \urcorner, \ulcorner n \urcorner) \supset \neg(\forall z \leq \ulcorner n \urcorner)\neg A(\ulcorner F \urcorner, z)] \in \mathcal{T}$$

o que implica que

$$\neg[B(\ulcorner F \urcorner, \ulcorner n \urcorner) \supset (\exists z)[\text{Número}(z) \wedge z \leq \ulcorner n \urcorner \wedge A(\ulcorner F \urcorner, z)]] \in \mathcal{T}.$$

Então, recorrendo ao facto de $\mathcal{T}$ ser Δ_0-completa,

$$\neg(\forall y)\{\text{Número}(y) \supset [B(\ulcorner F \urcorner, y) \supset$$
$$(\exists z)[\text{Número}(z) \wedge z \leq y \wedge A(\ulcorner F \urcorner, z)]]\} \in \mathcal{T}$$

isto é, $\neg S(\ulcorner F \urcorner) \in \mathcal{T}$. E, como $\mathcal{T}$ é coerente, então $S(\ulcorner F \urcorner) \notin \mathcal{T}$. ∎

A demonstração está concluída e, temos que admitir, é bastante técnica. Convinha revê-la outra vez, mas de um ponto de vista ligeiramente diferente. É isso que vamos fazer em seguida — olhe-se para isto como uma demonstração alternativa para o Teorema 9.4.5.

Na demonstração anterior, construímos uma fórmula particular,

$$S(v_0) = (\forall y)\{\text{Número}(y) \supset [B(v_0, y) \supset (\exists z)[\text{Número}(z) \wedge z \leq y \wedge A(v_0, z)]]\}.$$

Já usámos argumentos diagonais vezes suficientes para perceber que devemos olhar com mais atenção para a fórmula $S(\ulcorner S \urcorner)$

$$S(\ulcorner S \urcorner) = (\forall y)\{\text{Número}(y) \supset [B(\ulcorner S \urcorner, y) \supset$$
$$(\exists z)[\text{Número}(z) \wedge z \leq y \wedge A(\ulcorner S \urcorner, z)]]\}.$$

O que é que $S(\ulcorner S \urcorner)$ 'afirma'? Sabemos que $A(v_0, v_1)$ enumera as fórmulas $\mathcal{T}$-*usuais*$_G$ e que $B(v_0, v_1)$ enumera as fórmulas que não são $\mathcal{T}$-*usuais*$_C$. Então, em $\mathcal{T}$, $A(\ulcorner S \urcorner, \ulcorner n \urcorner)$ 'afirma' que n é uma testemunha de que S é $\mathcal{T}$-*usual*$_G$, enquanto $B(\ulcorner S \urcorner, \ulcorner n \urcorner)$ 'afirma' que n é uma testemunha de que S não é $\mathcal{T}$-*usual*$_C$. Também sabemos, da Secção 1.5, que conjuntos mais complexos, isto é, conjuntos com maior cota, têm números de Gödel maiores. Então, $S(\ulcorner S \urcorner)$ afirma: se houver evidência de que eu não sou $\mathcal{T}$-*usual*$_C$ então existe uma evidência mais simples (isto é, um número menor) de que eu sou $\mathcal{T}$-*usual*$_G$.

Suponha-se que tínhamos $S(\ulcorner S \urcorner) \in \mathcal{T}$. Então, S não devia ser $\mathcal{T}$-*usual*$_C$ e, por isso, $B(\ulcorner S \urcorner, \ulcorner n \urcorner) \in \mathcal{T}$, para algum número n. Recorrendo uma instanciação universal em $S(\ulcorner S \urcorner)$, que pertence a $\mathcal{T}$, temos o seguinte resultado

$$\{\text{Número}(\ulcorner n \urcorner) \supset [B(\ulcorner S \urcorner, \ulcorner n \urcorner)$$
$$\supset (\exists z)[\text{Número}(z) \wedge z \leq \ulcorner n \urcorner \wedge A(\ulcorner S \urcorner, z)]]\} \in \mathcal{T}.$$

Por Δ_0-completude, $\text{Número}(\ulcorner n \urcorner) \in \mathcal{T}$ logo, por *modus ponens*, temos o seguinte resultado.

$$(\exists z)[\text{Número}(z) \wedge z \leq \ulcorner n \urcorner \wedge A(\ulcorner S \urcorner, z)] \in \mathcal{T}.$$

Mas então, pela Proposição 9.4.4,

$$A(\ulcorner S \urcorner, \ulcorner 0 \urcorner) \vee A(\ulcorner S \urcorner, \ulcorner 1 \urcorner) \vee \ldots \vee A(\ulcorner S \urcorner, \ulcorner n \urcorner) \in \mathcal{T}.$$

Estamos a assumir que $\mathcal{T}$ é coerente logo, uma vez que $S(\ulcorner S \urcorner) \in \mathcal{T}$, segue-se $\neg S(\ulcorner S \urcorner) \notin \mathcal{T}$ e, consequentemente, $S(v_0)$ não é $\mathcal{T}$-*usual*$_G$. Mas então $\neg A(\ulcorner S \urcorner, \ulcorner k \urcorner) \in \mathcal{T}$, para todo o número k. Assim,

$$\neg A(\ulcorner S \urcorner, \ulcorner 0 \urcorner) \wedge \neg A(\ulcorner S \urcorner, \ulcorner 1 \urcorner) \wedge \ldots \wedge \neg A(\ulcorner S \urcorner, \ulcorner n \urcorner) \in \mathcal{T}$$

que nos permite concluir que $\mathcal{T}$ é incoerente. Concluímos assim que $S(\ulcorner S \urcorner) \notin \mathcal{T}$.

Por fim, suponha-se que tínhamos $\neg S(\ulcorner S \urcorner) \in \mathcal{T}$. Daqui segue que $S(v_0)$ não seria $\mathcal{T}$-*usual*$_G$ e, portanto, $A(\ulcorner S \urcorner, \ulcorner n \urcorner) \in \mathcal{T}$, para algum número n. Então, temos o seguinte resultado

$$(\forall y)\{\text{Número}(y) \supset [\ulcorner n \urcorner \leq y \supset (\exists z)[\text{Número}(z) \wedge z \leq y \wedge A(\ulcorner S \urcorner, z)]]\} \in \mathcal{T}.$$

Já mostrámos que $S(\ulcorner S \urcorner) \notin \mathcal{T}$ logo $\neg B(\ulcorner S \urcorner, \ulcorner k \urcorner) \in \mathcal{T}$, para todo o número k. Consequentemente,

$$\neg B(\ulcorner S \urcorner, \ulcorner 0 \urcorner) \wedge \neg B(\ulcorner S \urcorner, \ulcorner 1 \urcorner) \wedge \ldots \wedge \neg B(\ulcorner S \urcorner, \ulcorner n \urcorner) \in \mathcal{T}$$

e portanto

$$(\forall y \leq \ulcorner n \urcorner) \neg B(\ulcorner S \urcorner, y) \in \mathcal{T}.$$

Substituindo as abreviaturas e fazendo alguma manipulação em lógica de primeira ordem, obtemos

$$(\forall y)\{\text{Número}(y) \supset [y \leq \ulcorner n \urcorner \supset \neg B(\ulcorner S \urcorner, y)]\} \in \mathcal{T}.$$

Uma vez que estamos a assumir que $(\forall x)[\text{Número}(x) \supset (x \leq \ulcorner n \urcorner \vee \ulcorner n \urcorner \leq x)] \in \mathcal{T}$ concluímos que

$$(\forall y)\{\text{Número}(y) \supset [\neg B(\ulcorner S \urcorner, y) \vee (\exists z)[\text{Número}(z) \wedge z \leq y \wedge A(\ulcorner S \urcorner, z)]]\} \in \mathcal{T}.$$

Mas isto é equivalente a $S(\ulcorner S \urcorner) \in \mathcal{T}$, que sabemos não ser o caso. Podemos assim concluir também que $\neg S(\ulcorner S \urcorner) \notin \mathcal{T}$ e portanto, que $\mathcal{T}$ é incompleta.

Exercícios

Exercício 9.4.1 Mostre que a condição 2 da Definição 9.4.2 se obtém das condições 1 e 3.

Exercício 9.4.2 Apresente uma demonstração para a Proposição 9.4.4.

Capítulo 10

Segundo teorema de Gödel

10.1 Introdução

Já demonstrámos o primeiro dos teoremas da incompletude de Gödel várias vezes. Na Secção 8.1, apresentámos uma demonstração semântica recorrendo ao teorema de Tarski. Na Secção 8.5, apresentámos uma demonstração mais próxima da demonstração original de Gödel. No Capítulo 9, apresentámos a versão de Rosser. Existem outras versões desta demonstração. Podemos, por exemplo, obter a demonstração do resultado a partir do teorema de Turing sobre a indecidibilidade do problema da paragem. No entanto, para o segundo teorema da incompletude de Gödel existe essencialmente uma demonstração na literatura, que é a demonstração original de Gödel. A ideia central da demonstração até é elegante mas, para lá chegar, temos que passar por alguns detalhes menos elegantes. Esses detalhes menos elegantes relacionam-se com a demonstração de alguns resultados essenciais, os quais estamos, em geral, dispostos a aceitar como verdadeiros. Assim, é usual omitir esses detalhes, enunciar os resultados e continuar a partir daí. Com efeito, foi exatamente isto que Gödel fez — os detalhes foram demonstrados mais tarde por Hilbert e Bernays — e é precisamente isso que nós vamos fazer.

10.2 Teorema do ponto fixo de Gödel

Demonstrámos, no Capítulo 5, um resultado sobre pontos fixos, o Teorema 5.9.2, mas essa demonstração foi realizada recorrendo a argumentos semânticos. Alguns dos detalhes menos elegantes a que fizemos referência na introdução resultam do facto de agora o trabalho ter que ser feito num sistema formal, substituindo a noção de verdade pela noção de derivação. O que se segue está muito próximo do argumento original de Gödel. Mas, no nosso caso, vamos trabalhar na linguagem LS da teoria de conjuntos enquanto Gödel trabalhou na aritmética. Para além disso, em vez de utilizar uma teoria formal específica, vamos tentar trabalhar ao nível mais abstrato possível.

Definição 10.2.1 Seja $\mathcal{T}$ teoria Δ_0-completa na linguagem LS. Dizemos que $\mathcal{T}$ tem *a propriedade do ponto fixo* se, para toda fórmula $\varphi(v_0)$ com uma variável livre, existe fórmula fechada X tal que $\varphi(\ulcorner X \urcorner) \equiv X$ pertence a $\mathcal{T}$.

Vamos precisar de algumas condições gerais para garantir a propriedade do ponto fixo e para tal é útil definir alguma terminologia. Se $F(x_1, \ldots, x_n, y)$ for uma fórmula na linguagem LS então, como é óbvio, F define y como função de $x_1, \ldots, x_n$ em $\mathbb{HF}$ se a relação representada pela fórmula satisfizer a propriedade funcional. Precisamos de uma versão desta noção que possa ser aplicada no contexto das teorias formais, mas tão fraca quanto possível de modo a que não seja muito difícil verificar que a teoria satisfaz essa condição. A noção seguinte é uma noção análoga à de *completamente definível* nas abordagem aritméticas a este tema.

Definição 10.2.2 Seja $F(x_1, \ldots, x_n, y)$ fórmula na linguagem LS. Dizemos que F define y *como função* de $x_1, \ldots, x_n$ numa teoria $\mathcal{T}$ se, para quaisquer termos fechados $t_1, \ldots, t_n$ e u, se $F(t_1, \ldots, t_n, u)$ pertencer a $\mathcal{T}$ então a fórmula seguinte também pertence

$$(\forall y)[F(t_1, \ldots, t_n, y) \supset (y \approx u)].$$

Teorema 10.2.3 (Teorema do ponto fixo de Gödel)
Seja $\mathcal{T}$ teoria Δ_0-completa na linguagem LS satisfazendo as condições:

1. *$\mathcal{T}$ contém todas as instâncias fechadas verdadeiras de uma Σ-fórmula;*

2. *A Σ-fórmula $\mathsf{Designa}(y, x)$ define y como função de x na teoria $\mathcal{T}$, onde $\mathsf{Designa}(y, x)$ representa a relação 'y é um termo fechado que designa o conjunto x';*

3. *A Σ-fórmula $(z \, é \, x(u))$ define z como função de x e de u na teoria $\mathcal{T}$, onde $(z \, é \, x(u))$ representa a relação 'x é uma fórmula representante e z é o resultado de substituir v_0 por u em x'.*

Nestas condições, $\mathcal{T}$ tem a propriedade do ponto fixo.

Uma observação: podíamos restringir o resultado anterior a Σ_1-fórmulas em vez de Σ-fórmulas. Nesse caso, a condição 1 seria uma consequência de a teoria ser Δ_0-completa, recorrendo à Proposição 7.5.7. Muitas teorias formais são suficientemente fortes para mostrar, na própria teoria, que as Σ-fórmulas podem ser reduzidas a Σ_1-fórmulas. Não vamos, no entanto, seguir esse caminho aqui.

Demonstração A demonstração do Teorema 5.9.2 é construtiva e começa como se segue. Seja $\varphi(x)$ fórmula com uma variável livre. Defina-se $A(v_0)$ como se segue:

$$A(v_0) = (\exists x)(\exists t)\{\mathsf{FórmulaRepresentante}(v_0) \wedge$$
$$\mathsf{Designa}(t, v_0) \wedge (x \text{ é } v_0(t)) \wedge$$
$$\varphi(x)\}.$$

Se fixarmos o conjunto $X = A(\ulcorner A \urcorner)$ então a fórmula $\varphi(\ulcorner X \urcorner) \equiv X$ é verdadeira. Vamos mostrar que $\varphi(\ulcorner X \urcorner) \equiv X$ também pertence à teoria $\mathcal{T}$, o que demonstra o teorema do ponto fixo em causa. A demonstração divide-se em duas partes, uma para cada uma das direções da implicação. Começamos por abordar alguns assuntos que vão ser necessários em ambas as partes.

Seja a termo fechado específico de LS que designa a fórmula $A(v_0)$ no modelo padrão $\mathbb{HF}$, e seja X a fórmula $A(a)$. Seja ainda $\mathbf{X}$ termo fechado específico de LS que designa X. Vamos mostrar que $\varphi(\mathbf{X}) \equiv X$ pertence a $\mathcal{T}$.

Como $A(v_0)$ é fórmula representante e é designada pelo termo fechado a então $\mathsf{FórmulaRepresentante}(a)$ é verdadeira em $\mathbb{HF}$, e como é instância fechada verdadeira de uma Σ-fórmula então pertence a $\mathcal{T}$. Adicionalmente, a é um conjunto; seja $\mathbf{a}$ termo fechado que designe a. Como a designa $A(v_0)$ e $\mathbf{a}$ e a são termos que designam a e $A(v_0)$, respetivamente, então $\mathsf{Designa}(\mathbf{a}, a)$ é verdadeira em $\mathbb{HF}$ e é simultaneamente instância verdadeira de uma Σ-fórmula. Como tal, pertence a $\mathcal{T}$. X é a fórmula $A(a)$. $\mathbf{X}$ é termo fechado que designa X. Uma vez que a designa $A(v_0)$, $\mathbf{a}$ designa a, e $\mathbf{X}$ designa X, isto é, $A(a)$, então a fórmula $(\mathbf{X} \text{ é } a(\mathbf{a}))$ é verdadeira em $\mathbb{HF}$ e, consequentemente, pertence a $\mathcal{T}$.

Demonstração de que $\varphi(\mathbf{X}) \supset X$ pertence a $\mathcal{T}$. Usando os resultados acima então, em $\mathcal{T}$,

$$\varphi(\mathbf{X}) \supset \{\mathsf{FórmulaRepresentante}(a) \wedge$$
$$\mathsf{Designa}(\mathbf{a}, a) \wedge (\mathbf{X} \text{ é } a(\mathbf{a})) \wedge$$
$$\varphi(\mathbf{X})\}$$
$$\supset (\exists x)(\exists t)\{\mathsf{FórmulaRepresentante}(a) \wedge$$
$$\mathsf{Designa}(t, a) \wedge (x \text{ é } a(t)) \wedge$$
$$\varphi(x)\}.$$

O consequente é $A(a)$, ou seja, X.

Demonstração de que $X \supset \varphi(\mathbf{X})$ pertence a $\mathcal{T}$. Como $\mathsf{Designa}(\mathbf{a}, a)$ pertence $\mathcal{T}$, pela hipótese 2, a fórmula seguinte pertence a $\mathcal{T}$:

$$(\forall t)\{\mathsf{Designa}(t, a) \supset (t \approx \mathbf{a})\}. \tag{10.1}$$

Como ($\mathbf{X}$ é $a(\mathbf{a})$) pertence $\mathcal{T}$, pela hipótese 3, a fórmula seguinte também pertence a $\mathcal{T}$:

$$(\forall x)\{(x \text{ é } a(\mathbf{a})) \supset (x \approx \mathbf{X})\}. \tag{10.2}$$

Então, em $\mathcal{T}$, o resultado seguinte verifica-se.

$$
\begin{aligned}
X = A(a) = (\exists x)(\exists t)\{&\mathsf{FórmulaRepresentante}(a)\wedge \\
&\mathsf{Designa}(t,a) \wedge (x \text{ é } a(t)) \wedge \varphi(x)\} \tag{10.3}\\
\supset (\exists t)\{&\mathsf{Designa}(t,a) \wedge (\exists x)[(x \text{ é } a(t)) \wedge \varphi(x)]\} \tag{10.4}\\
\supset (\exists x)&(x \text{ é } a(\mathbf{a}) \wedge \varphi(x))] \tag{10.5}\\
\supset \varphi(\mathbf{X}&). \tag{10.6}
\end{aligned}
$$

(10.3) verifica-se por definição e (10.4) é uma reordenação e enfraquecimento. (10.5) usa (10.1), (10.6) é semelhante usando (10.2). ∎

A propósito, não exigimos em momento nenhum que $\mathcal{T}$ fosse uma teoria *formal* o que significa que pode, em particular, ser o conjunto das fórmulas fechadas de LS que são verdadeiras em $\mathbb{HF}$. Com esta escolha, o Teorema 10.2.3 permite obter o Teorema 5.9.2, uma vez que as condições do Teorema 10.2.3 são trivialmente verdadeiras para $\mathbb{HF}$.

10.3   Condições de derivação de Löb

A chave para demonstrar o segundo teorema da incompletude de Gödel para uma teoria $\mathcal{T}$ consiste em mostrar que a demonstração do primeiro teorema da incompletude de Gödel se pode realizar dentro da própria teoria $\mathcal{T}$. No caso da teoria da aritmética com que Gödel trabalhou originalmente (não era exatamente a aritmética de Peano, mas um parente próximo), Gödel pura e simplesmente afirmou que isto podia ser feito. No entanto, esta demonstração é surpreendentemente complicada sendo necessário prestar muita atenção aos detalhes. Com o intuito de simplificar as coisas, Hilbert e Bernays formularam algumas condições sobre a noção de derivação que teriam que ser verificadas e a partir das quais o resultado de Gödel se obteria facilmente. Muito mais tarde, Löb propôs um conjunto de condições muito mais simples e naturais, que são precisamente aquelas que nós vamos usar. Estas são vulgarmente conhecidas com as condições de derivação de Löb. Vamos apresentar essas condições para a teoria de conjuntos, em vez de para a aritmética, embora a forma seja exatamente a mesma. As condições são três. Vamos mostrar que, sob circunstâncias bastante gerais, as condições são *verdadeiras* em $\mathbb{HF}$. Isto não é difícil. O que é difícil é mostrar que as condições são deriváveis em certas teorias formais. Não vamos aqui tentar fazer isto, mas argumentos detalhados sobre o assunto podem ser encontrados na literatura.

No que se segue, vamos assumir que $\mathcal{T}$ é uma teoria formal e que $\mathsf{Bew}_{\mathcal{T}}(v_0)$ é uma Σ-fórmula que representa a relação de pertença a $\mathcal{T}$ — derivabilidade a partir dos axiomas para $\mathcal{T}$. (Esta é, essencialmente, a notação original de Gödel. Bew significa 'Beweis', que em alemão significa 'prova'.) Vamos também assumir que $\mathcal{T}$ é Δ_0-completa e todas as instâncias verdadeiras de Σ-fórmulas estão em $\mathcal{T}$.

Seja X fórmula na linguagem *LS*. Suponha-se que X pertence a $\mathcal{T}$ e, consequentemente, $\mathsf{Bew}_{\mathcal{T}}(\ulcorner X \urcorner)$ é verdadeira em $\mathbb{HF}$. Como esta é instância verdadeira de uma Σ-fórmula então $\mathsf{Bew}_{\mathcal{T}}(\ulcorner X \urcorner)$ tem ela própria que pertencer a $\mathcal{T}$. Isto estabelece a primeira das condições de derivação:

$$\text{se } X \in \mathcal{T} \text{ então } \mathsf{Bew}_{\mathcal{T}}(\ulcorner X \urcorner) \in \mathcal{T}.$$

Toda a teoria é fechada para o *modus ponens*, de $X \supset Y$ e de X conclui-se Y. Como consequência, a fórmula seguinte é verdadeira em $\mathbb{HF}$, para quaisquer fórmulas X e Y: $\mathsf{Bew}_{\mathcal{T}}(\ulcorner X \supset Y \urcorner) \supset (\mathsf{Bew}_{\mathcal{T}}(\ulcorner X \urcorner) \supset \mathsf{Bew}_{\mathcal{T}}(\ulcorner Y \urcorner))$. A próxima condição de derivação é que $\mathcal{T}$ deve, ela própria, ser capaz de derivar isto, ou seja, esta fórmula deve pertencer a $\mathcal{T}$. Como esta não é uma Σ-fórmula, demonstrar que uma particular teoria formal verifica esta propriedade dá trabalho, mas é mais ou menos direto:

$$\mathsf{Bew}_{\mathcal{T}}(\ulcorner X \supset Y \urcorner) \supset (\mathsf{Bew}_{\mathcal{T}}(\ulcorner X \urcorner) \supset \mathsf{Bew}_{\mathcal{T}}(\ulcorner Y \urcorner)) \in \mathcal{T}.$$

Suponha-se que $\mathsf{Bew}_{\mathcal{T}}(\ulcorner X \urcorner)$ é verdadeira em $\mathbb{HF}$. Como esta é uma Σ-fórmula, então tem que pertencer a $\mathcal{T}$. Mas então, para qualquer Z, se Z pertencer a $\mathcal{T}$ então $\mathsf{Bew}_{\mathcal{T}}(\ulcorner Z \urcorner)$ é verdadeira, uma vez que $\mathsf{Bew}_{\mathcal{T}}(v_0)$ representa $\mathcal{T}$. Assim, $\mathsf{Bew}_{\mathcal{T}}(\ulcorner \mathsf{Bew}_{\mathcal{T}}(\ulcorner X \urcorner) \urcorner)$ tem que ser verdadeira em $\mathbb{HF}$. Concluímos que $\mathsf{Bew}_{\mathcal{T}}(\ulcorner X \urcorner) \supset \mathsf{Bew}_{\mathcal{T}}(\ulcorner \mathsf{Bew}_{\mathcal{T}}(\ulcorner X \urcorner) \urcorner)$ é verdadeira em $\mathbb{HF}$. A última condição de derivação é que esta fórmula tem que pertencer a $\mathcal{T}$:

$$\mathsf{Bew}_{\mathcal{T}}(\ulcorner X \urcorner) \supset \mathsf{Bew}_{\mathcal{T}}(\ulcorner \mathsf{Bew}_{\mathcal{T}}(\ulcorner X \urcorner) \urcorner) \in \mathcal{T}.$$

Esta condição é a mais difícil de estabelecer, no caso de uma teoria em geral.

Definição 10.3.1 Dizemos que uma teoria $\mathcal{T}$ *verifica as condições de derivação de Löb* se verificar:

1. se $X \in \mathcal{T}$ então $\mathsf{Bew}_{\mathcal{T}}(\ulcorner X \urcorner) \in \mathcal{T}$,

2. $\mathsf{Bew}_{\mathcal{T}}(\ulcorner X \supset Y \urcorner) \supset (\mathsf{Bew}_{\mathcal{T}}(\ulcorner X \urcorner) \supset \mathsf{Bew}_{\mathcal{T}}(\ulcorner Y \urcorner)) \in \mathcal{T}$,

3. $\mathsf{Bew}_{\mathcal{T}}(\ulcorner X \urcorner) \supset \mathsf{Bew}_{\mathcal{T}}(\ulcorner \mathsf{Bew}_{\mathcal{T}}(\ulcorner X \urcorner) \urcorner) \in \mathcal{T}$.

A teoria *CONJ_FIN* da Secção 7.6.2 verifica as condições de derivação de Löb, embora tal facto não seja demonstrado.

10.4   Notação abreviada

Vamos agora rescrever as condições de derivação de uma maneira bastante sugestiva. Vamos escrever $\Box X$ em vez de $\text{Bew}_{\mathcal{T}}(\ulcorner X \urcorner)$. Por enquanto, esta é apenas uma abreviatura conveniente, mas que se vai transformar em algo mais em breve. Com esta nova notação, as condições podem ser rescritas como a seguir se apresenta e em que a primeira condição é reformulada para se assemelhar a uma regra de inferência. As outras duas devem ser entendidas como afirmações de que as fórmulas apresentadas pertencem a $\mathcal{T}$.

Regra da Necessitação $\dfrac{X}{\Box X}$

Axioma Esquema K $\Box(X \supset Y) \supset (\Box X \supset \Box Y)$

Axioma Esquema 4 $\Box X \supset \Box\Box X$

Aqueles mais familiarizados com estes assuntos reconhecerão com certeza os objetos acima como sendo os axiomas esquema e a regra de inferência para a lógica modal **K4**. Esta formulação modal da noção de derivação remonta a Gödel, que introduziu a, hoje em dia comum, regra da necessitação. Não vamos precisar de saber nada acerca da motivação original para estudar lógica modal, para os nossos objetivos, nem de quais as aplicações a que se destina. Podemos simplesmente aplicar os axiomas esquema e a regra definidos acima juntamente, claro, com as tautologias proposicionais clássicas e o *modus ponens*. Deste modo, estamos a raciocinar em **K4** e os resultados obtidos vão-nos indicar algo acerca do comportamento de $\text{Bew}_{\mathcal{T}}$ para aquelas teorias formais $\mathcal{T}$ que verificam as condições de derivação de Löb. Seguem-se alguns resultados de **K4** que vão ser usados na próxima secção.

Em primeiro lugar, temos uma regra de **K4** derivada, que se designa normalmente por *regra da regularidade*, e que afirma que podemos inferir $\Box X \supset \Box Y$ a partir de $X \supset Y$. Esta inferência é uma abreviatura dos passos seguintes.

1. $X \supset Y$

2. $\Box(X \supset Y)$ (de 1 pela regra da necessitação)

3. $\Box(X \supset Y) \supset (\Box X \supset \Box Y)$ (axioma esquema **K**)

4. $\Box X \supset \Box Y$ (de 2 e 3 por *modus ponens*)

Em seguida mostramos que $\Box(X \wedge Y) \supset (\Box X \wedge \Box Y)$ se deriva em **K4**. Segue-se a justificação.

1. $(X \wedge Y) \supset X$ (uma tautologia)

2. $\Box(X \wedge Y) \supset \Box X$ (de 1 pela regra da regularidade)

3. $\Box(X \wedge Y) \supset \Box Y$ (de modo semelhante)

4. $\Box(X \wedge Y) \supset (\Box X \wedge \Box Y)$ (de 2 e 3 por lógica proposicional clássica)

O recíproco, $(\Box X \wedge \Box Y) \supset \Box(X \wedge Y)$, também se deriva em K4.

1. $X \supset (Y \supset (X \wedge Y))$ (uma tautologia)

2. $\Box X \supset \Box(Y \supset (X \wedge Y))$ (de 1 pela regra da regularidade)

3. $\Box(Y \supset (X \wedge Y)) \supset (\Box Y \supset \Box(X \wedge Y))$ (axioma esquema **K**)

4. $\Box X \supset (\Box Y \supset \Box(X \wedge Y))$ (de 2 e 3 por lógica clássica)

5. $(\Box X \wedge \Box Y) \supset \Box(X \wedge Y)$ (de 4 por lógica clássica)

Assim, podemos concluir que $\Box(X \wedge Y) \equiv (\Box X \wedge \Box Y)$ se deriva em K4. E observe-se que este resultado nos diz que se $\mathcal{T}$ for uma qualquer teoria formal que verifique as condições de derivação de Löb então $\mathsf{Bew}_{\mathcal{T}}(\ulcorner X \wedge Y \urcorner) \equiv (\mathsf{Bew}_{\mathcal{T}}(\ulcorner X \urcorner) \wedge \mathsf{Bew}_{\mathcal{T}}(\ulcorner Y \urcorner))$ pertence a $\mathcal{T}$.

Exercícios

Exercício 10.4.1 Suponha que $\mathcal{T}$ verifica as condições de derivação de Löb. Mostre que se X e Y forem ambas fórmulas contraditórias classicamente então $\mathsf{Bew}_{\mathcal{T}}(\ulcorner X \urcorner) \equiv \mathsf{Bew}_{\mathcal{T}}(\ulcorner Y \urcorner) \in \mathcal{T}$.

10.5 Segundo teorema de Gödel

Para começar, vamos apresentar a primeira parte da demonstração do primeiro teorema da incompletude de Gödel seguindo a argumentação original de Gödel. A apresentação vai ser relativamente informal uma vez que apenas é necessária para efeitos de motivação. Seja $\mathcal{T}$ teoria formal e Δ_0-completa, contendo todas as instâncias verdadeiras Σ-fórmulas, tendo a propriedade do ponto fixo e verificando as condições de derivação de Löb.

Pelo teorema do ponto fixo, sabemos que existe fórmula X tal que $X \equiv \neg\mathsf{Bew}_{\mathcal{T}}(\ulcorner X \urcorner)$ pertence a $\mathcal{T}$ ou, usando a notação modal abreviada, tal que $X \equiv \neg\Box X$ pertence a $\mathcal{T}$. Então, podemos concluir que X não pertence à teoria $\mathcal{T}$, desde que $\mathcal{T}$ seja coerente.

1. Suponha-se que $X \in \mathcal{T}$.

2. Então $\square X$ é verdadeira.

3. Logo $\square X \in \mathcal{T}$, uma vez que as Σ-fórmulas verdadeiras pertencem a $\mathcal{T}$.

4. Mas $X \equiv \neg\square X \in \mathcal{T}$.

5. Logo $\neg\square X \in \mathcal{T}$, por 1 e 4.

6. E, assim $\mathcal{T}$ é incoerente, por 3 e 5.

Invertendo o argumento anterior, se $\mathcal{T}$ for coerente então X não pertence $\mathcal{T}$. A propósito, observe-se que X 'afirma' que não pertence $\mathcal{T}$ uma vez que é equivalente a $\neg\mathsf{Bew}_{\mathcal{T}}(\ulcorner X \urcorner)$. Logo, é verdadeira desde que $\mathcal{T}$ seja coerente.

A ideia é agora repetir este argumento, mas *dentro* da própria teoria $\mathcal{T}$. Então, 'é o caso' deve passar a ser 'deriva-se em $\mathcal{T}$'. Esta ideia vai tornar-se mais clara à medida que formos avançando.

O raciocínio anterior terminou, no passo 6, com a conclusão de que $\mathcal{T}$ era incoerente porque continha uma contradição. Precisamos agora de arranjar uma forma de afirmar que $\mathcal{T}$ é incoerente dentro da própria teoria $\mathcal{T}$. Vamos denotar a nossa contradição preferida, $Z \wedge \neg Z$ para alguma fórmula Z, por $\bot$. Então, $\mathsf{Bew}_{\mathcal{T}}(\ulcorner \bot \urcorner)$ exprime a incoerência de $\mathcal{T}$. (Pelo Exercício 10.4.1, sabemos que a escolha de uma contradição específica não é relevante.) Adicionalmente, $\neg\mathsf{Bew}_{\mathcal{T}}(\ulcorner \bot \urcorner)$ exprime a coerência de $\mathcal{T}$.

Teorema 10.5.1 (Segundo teorema da incompletude de Gödel)
Seja $\mathcal{T}$ teoria formal e Δ_0-completa, contendo todas as instâncias verdadeiras de Σ-fórmulas, tendo a propriedade do ponto fixo e verificando as condições de derivação de Löb. Se $\mathcal{T}$ for coerente então $\neg\mathsf{Bew}_{\mathcal{T}}(\ulcorner \bot \urcorner)$ não pertence a $\mathcal{T}$.

Resumindo, uma teoria suficientemente expressiva que seja coerente não pode derivar a sua própria coerência.

Demonstração Vamos recorrer à notação abreviada e escrever $\square Z$ em vez de $\mathsf{Bew}_{\mathcal{T}}(\ulcorner Z \urcorner)$. Pelo Teorema 10.2.3, existe uma fórmula X que é ponto fixo para $\neg\mathsf{Bew}_{\mathcal{T}}(v_0)$, isto é, $X \equiv \neg\mathsf{Bew}_{\mathcal{T}}(\ulcorner X \urcorner)$ pertence a $\mathcal{T}$. Usando as abreviaturas modais, temos que $X \equiv \neg\square X$ pertence $\mathcal{T}$. Acabámos de mostrar que $X \notin \mathcal{T}$. Segue-se a justificação para o segundo teorema da incompletude — recomenda-se a comparação com o raciocínio apresentado acima para o caso do primeiro teorema da incompletude.

1. $(X \equiv \neg\square X) \in \mathcal{T}$ (uma vez que X é um ponto fixo)

2. $(X \supset \neg\square X) \in \mathcal{T}$ (de 1)

3. $(\Box X \supset \Box \neg \Box X) \in \mathcal{T}$ (de 2 usando a regra da regularidade)

4. $(\Box X \supset \Box \Box X) \in \mathcal{T}$ (axioma esquema **4**)

5. $(\Box X \supset (\Box \neg \Box X \wedge \Box \Box X)) \in \mathcal{T}$ (de 3 e 4)

6. $(\Box X \supset \Box(\neg \Box X \wedge \Box X)) \in \mathcal{T}$ (de 5 e alguns resultados da secção anterior)

7. $(\Box X \supset \Box \bot) \in \mathcal{T}$ (equivalente de 6)

8. $(\neg \Box \bot \supset \neg \Box X) \in \mathcal{T}$ (contrarrecíproco de 7)

9. $(\neg \Box \bot \supset X) \in \mathcal{T}$ (de 1 e 8)

Então, se $\neg \Box \bot$ pertencesse a $\mathcal{T}$ também teríamos $X \in \mathcal{T}$. Mas, pelo *primeiro* teorema da incompletude, sabemos que $X \notin \mathcal{T}$. Logo $\neg \Box \bot \notin \mathcal{T}$. ∎

Exercícios

Exercício 10.5.1 Seja $\mathcal{T}$ teoria verificando as condições do Teorema 10.5.1. Encontre uma fórmula fechada Z de LS tal que $\mathsf{Bew}_{\mathcal{T}}\ulcorner Z \urcorner \supset Z$ não pertença a $\mathcal{T}$. Isto significa que não podemos adicionar $\Box Z \supset Z$ à lista de axiomas modais da Secção 10.4.

10.6 Teorema de Löb

Para uma teoria formal $\mathcal{T}$ suficientemente forte, usando o teorema do ponto fixo de Gödel, conseguimos encontrar uma fórmula fechada que afirma que ela própria não se deriva em $\mathcal{T}$ e que, como já vimos, não se vai derivar em $\mathcal{T}$. A demonstração consiste, essencialmente, num argumento diagonal semelhante ao do teorema de Cantor, do paradoxo de Russel ou do paradoxo do mentiroso. O lógico Leon Henkin levantou a seguinte questão: será que podemos também encontrar facilmente uma fórmula fechada que afirme que ela própria *se deriva* em $\mathcal{T}$; qual seria a sua situação? Um argumento diagonal, neste caso, não funciona. Löb respondeu à pergunta de Henkin com um resultado notável em que afirma que tal fórmula fechada se consegue, de facto, derivar. Com efeito, nem precisamos de todo o poder de sabermos que existe um ponto fixo, $\mathsf{Bew}_{\mathcal{T}}\ulcorner X \urcorner \equiv X$, em $\mathcal{T}$; basta ter apenas $\mathsf{Bew}_{\mathcal{T}}\ulcorner X \urcorner \supset X$.

Teorema 10.6.1 (Teorema de Löb)
Seja novamente $\mathcal{T}$ teoria formal e Δ_0-completa, contendo as instâncias verdadeiras de Σ-fórmulas, tendo a propriedade do ponto fixo e verificando as condições de derivação de Löb. Seja X fórmula fechada na linguagem LS tal que $\mathsf{Bew}_{\mathcal{T}}\ulcorner X \urcorner \supset X$ pertence a $\mathcal{T}$. Então, tanto $\mathsf{Bew}_{\mathcal{T}}\ulcorner X \urcorner$ como X pertencem a $\mathcal{T}$.

Demonstração Suponha-se que $\text{Bew}_{\mathcal{T}}\ulcorner X \urcorner \supset X \in \mathcal{T}$. A fórmula X existe pela propriedade do ponto fixo. Mas agora, vamos usar essa propriedade uma segunda vez. Tem que existir um ponto fixo para $\varphi(v_0) = \text{Bew}_{\mathcal{T}}(v_0) \supset X$. Chamemos F a um ponto fixo para esta fórmula. Assim, $(\text{Bew}_{\mathcal{T}}(\ulcorner F \urcorner) \supset X) \equiv F$ pertence a $\mathcal{T}$. Vamos usar esta fórmula para mostrar que $\text{Bew}_{\mathcal{T}}\ulcorner X \urcorner$ e X pertencem a $\mathcal{T}$.

Uma vez mais, o raciocínio fica mais claro se recorrermos à notação modal. Assim, temos as condições modais gerais apresentadas na Secção 10.4, e as fórmulas específicas X e F para as quais sabemos $\Box X \supset X$ e $(\Box F \supset X) \equiv F$. O objetivo é conseguir derivar X e $\Box X$. Segue-se a justificação.

1. Assuma-se $\Box F$

2. $F \supset (\Box F \supset X)$ (porque temos $(\Box F \supset X) \equiv F$)

3. $\Box F \supset \Box(\Box F \supset X)$ (regra da regularidade em 2)

4. $\Box(\Box F \supset X)$ (*modus ponens* em 1 e 3)

5. $\Box(\Box F \supset X) \supset (\Box\Box F \supset \Box X)$ (axioma esquema **K**)

6. $(\Box\Box F \supset \Box X)$ (*modus ponens* em 4 e 5)

7. $\Box F \supset \Box\Box F$ (axioma esquema **4**)

8. $\Box F \supset \Box X$ (de 6 e 7 por lógica clássica)

9. $\Box X \supset X$ (dado)

10. $\Box F \supset X$ (de 8 e 9 por lógica clássica)

11. X (*modus ponens* em 1 e 10)

Uma vez que conseguimos derivar X a partir da hipótese $\Box F$, usando o teorema da dedução, podemos concluir que se consegue derivar $\Box F \supset X$. Mas pelas condições iniciais, também temos $(\Box F \supset X) \equiv F$, logo podemos concluir F. Como se deriva F então, pela regra da necessitação, também se consegue derivar $\Box F$. Assim, temos $\Box F$ e $\Box F \supset X$ logo também temos X. E, consequentemente, também temos $\Box X$, novamente pela regra da necessitação. ∎

O resultado de Löb fornece ainda uma demonstração alternativa para o segundo teorema da incompletude de Gödel, que é a seguinte. Suponha-se que $\mathcal{T}$ satisfaz as condições do Teorema 10.5.1. E suponha-se que $\neg\text{Bew}_{\mathcal{T}}(\ulcorner\bot\urcorner) \in \mathcal{T}$. A fórmula $\neg\text{Bew}_{\mathcal{T}}(\ulcorner\bot\urcorner)$ é logicamente equivalente a $\text{Bew}_{\mathcal{T}}(\ulcorner\bot\urcorner) \supset \bot$ pelo que esta terá que pertencer a $\mathcal{T}$. Mas então, pelo teorema de Löb, $\bot \in \mathcal{T}$ e portanto $\mathcal{T}$ é incoerente.

Exercícios

Exercício 10.6.1 Na demonstração do Teorema 10.6.1, recorremos ao teorema da dedução para derivar $\Box F \supset X$. Este é um teorema da lógica clássica e talvez o leitor nunca tenha visto uma demonstração deste resultado para a lógica K4. Mostre $\Box F \supset X$ sem recorrer ao teorema da dedução.

10.7 Lógica Gödel–Löb, **GL**

Temos vindo a usar a notação modal como uma abreviatura conveniente. Está na altura de a tratar de forma mais séria. Isto leva-nos à noção de *lógica da derivabilidade*, que é um assunto relevante só por si.

Suponha-se que definimos uma linguagem proposicional na qual as fórmulas são construídas a partir de variáveis proposicionais P, Q, ... usando os conectivos proposicionais usuais e uma regra de construção adicional: se X é fórmula então $\Box X$ também é fórmula. Por exemplo, $\Box(P \supset Q) \supset (\Box P \supset \Box Q)$ é fórmula nesta linguagem.

Seja agora $\mathcal{T}$ teoria formal e Δ_0-completa na linguagem LS. Podemos interpretar fórmulas modais nesta teoria como a seguir se explica. Seja v uma aplicação das variáveis proposicionais para fórmulas fechadas de LS — chamamos a v uma *valoração modal*. Em seguida, estende-se v a fórmulas mais complexas como se segue:

1. $v(\neg X) = \neg v(X)$;

2. $v(X \supset Y) = (v(X) \supset v(Y))$ (e de modo semelhante para os outros conectivos binários);

3. $v(\Box X) = \mathsf{Bew}_{\mathcal{T}}(\ulcorner v(X) \urcorner)$.

Dizemos que uma fórmula modal X é $\mathcal{T}$-válida se $v(X) \in \mathcal{T}$, para toda a valoração modal v. Assim, se $\mathcal{T}$ verificar as condições de derivação de Löb (cf. Definição 10.3.1) então os axiomas modais seguintes são $\mathcal{T}$-válidos (tal como qualquer sua instância obtida por substituição):

Axioma esquema K $\Box(X \supset Y) \supset (\Box X \supset \Box Y)$

Axioma esquema 4 $\Box X \supset \Box\Box X$

Adicionalmente, se todas as instâncias verdadeiras de Σ-fórmulas pertencerem a $\mathcal{T}$ então a regra seguinte preserva a $\mathcal{T}$-validade:

Regra da necessitação $\dfrac{X}{\Box X}$

A lógica modal cujos axiomas são todas as tautologias clássicas e todas as instâncias dos dois axiomas esquema anteriores e tendo como regras de inferência o *modus ponens* e a regra da necessitação é a lógica K4. É uma lógica modal bastante comum. Uma lógica modal ainda mais comum é a que se obtém de K4 adicionando-lhe o axioma seguinte:

Axioma esquema T $\Box X \supset X$

Isto dá origem à lógica modal S4. Contudo, mostrou-se no Exercício 10.5.1 que este *não* seria $\mathcal{T}$-válido desde que $\mathcal{T}$ fosse suficientemente forte para derivar o teorema do ponto fixo de Gödel. Por outro lado, vimos na Secção 10.6 que, com estas mesmas hipóteses, a noção de $\mathcal{T}$-validade era preservada se se acrescentasse a seguinte regra de inferência.

Regra de Löb $\dfrac{\Box X \supset X}{X}$

A lógica modal GL (de Gödel–Löb) é a lógica modal que estende K4 adicionando-lhe a regra de Löb como regra de inferência adicional. Cada fórmula que se deriva em GL é uma fórmula $\mathcal{T}$-válida para toda a teoria formal e Δ_0-completa $\mathcal{T}$ que verifique as condições de derivação de Löb, e na qual se derivem todas as instâncias verdadeiras de Σ-fórmulas, e que tenha a propriedade do ponto fixo.

Esta maneira de formular GL não é comum, em parte porque os lógicos se sentem mais confortáveis com axiomas do que com regras. Se tentarmos 'internalizar' a regra de Löb, obtemos a seguinte fórmula:

Axioma esquema de Löb $\Box(\Box X \supset X) \supset \Box X$

Ao adicionar o axioma esquema de Löb em vez da regra de Löb continuamos a obter a lógica GL. A demonstração deste facto é deixada como exercício.

A lógica GL, que temos estado a apresentar, estava ligada à noção de derivação para teorias na linguagem LS da teoria de conjuntos. Como vimos na Secção 1.5 e seguintes, os conjuntos hereditariamente finitos podem ser numerados por números de Gödel e, em vez de trabalhar com conjuntos, podemos trabalhar com os seus números de Gödel — as asserções acerca da teoria de conjuntos transformam-se em asserções acerca da aritmética. Do ponto de vista matemático, não se perde nada se nos restringirmos às teorias da aritmética em vez de teorias sobre conjuntos hereditariamente finitos e a vantagem é apenas uma estrutura subjacente mais simples. Todo o trabalho teórico na área tem sido feito no contexto da aritmética. Foi neste contexto que a lógica GL foi originalmente proposta e posteriormente estudada em detalhe. Ao proceder desta forma, as valorações modais passam a ser vistas como aplicações de fórmulas modais em fórmulas fechadas da linguagem LA, para a aritmética, em vez de fórmulas fechadas de LS. Neste caso, no ponto essencial

$$v(\Box X) = \mathsf{Bew}_{\mathcal{T}}(\ulcorner v(X) \urcorner)$$

a fórmula $\mathsf{Bew}_{\mathcal{T}}(v_0)$ significa que se deriva uma fórmula numa teoria $\mathcal{T}$ da aritmética e não da teoria de conjuntos, e $\ulcorner Z \urcorner$ é o numeral que designa o número de Gödel de Z, em que um numeral é um dos elementos $\mathbf{0}$, $\mathbb{S}(\mathbf{0})$, $\mathbb{S}(\mathbb{S}(\mathbf{0}))$, ... Se $\mathcal{T}$ for a aritmética de Peano então todas as fórmulas de GL ainda são $\mathcal{T}$-válidas. Robert Solovay mostrou, num teorema famoso (e difícil), que GL era *completa* para a aritmética de Peano: se $\mathcal{T}$ for a aritmética de Peano, uma fórmula X é $\mathcal{T}$-válida *se e só se* for um teorema de $\mathcal{T}$. Isto significa, em sentido lato, que GL captura exatamente, de uma forma abstrata, o raciocínio acerca da derivabilidade na aritmética de Peano. Este é um resultado central naquilo que se transformou numa área de estudo por si só, as *lógicas de derivabilidade*. É uma área ainda em expansão.

Exercícios

Exercício 10.7.1 (Fácil) Considere a lógica modal K4 estendida com o axioma esquema de Löb. Suponha que a fórmula $\Box X \supset X$ se deriva nesta lógica. Mostre que a fórmula X também se deriva. Logo, nesta lógica, a regra de Löb é admissível.

Exercício 10.7.2 (Difícil) Considere a lógica K4 estendida com a regra de Löb. Mostre que toda a instância do axioma esquema de Löb se deriva. Sugestão: sendo Z uma instância do axioma esquema de Löb, mostre que se deriva $\Box Z \supset Z$ em K4 e, consequentemente, se deriva Z pela regra de Löb.

Leitura adicional

O trabalho que aqui foi apresentado é apenas um fragmento do que tem sido feito nesta área dos fundamentos da matemática. Este assunto está longe de estar encerrado e, hoje em dia, ainda há muito trabalho a ser realizado na área dos modelos da aritmética, sistemas de axiomas mais fracos para a aritmética, entre outros. O que se segue não é acerca desses trabalhos — existem muitas publicações e a literatura acerca desses assuntos tem crescido a um ritmo constante. Em vez disso, seguem-se algumas sugestões basilares para leitura adicional acerca da história do que aqui foi apresentado e alguma análise mais detalhada de alguns dos assuntos aqui discutidos.

Gödel sobre incompletude: O artigo original de Kurt Gödel sobre incompletude tem uma leitura surpreendentemente fácil — surpreendente, uma vez que os artigos que iniciam uma certa área podem, por vezes, ser um pouco confusos e experimentais. Foi publicado em alemão em 1931 e boas versões em inglês, anotadas, podem ser encontradas em vários sítios. Os melhores são os seguintes.

1. *From Frege to Gödel*, editado por Jean van Heijenoort, e publicado originalmente por Harvard University Press em 1967.

2. *The Undecidable*, editado por Martin Davis, e publicado originalmente por Haven Press Books em 1965. Encontra-se disponível hoje em dia publicado por Dover Publications.

3. *Kurt Gödel Collected Works*. Este conjunto notável de cinco volumes com os trabalhos publicados e não publicados de Gödel contém os artigos sobre incompletude (em inglês e em alemão) no volume I. Oxford University Press, 1986.

Gödel sobre GL: A ideia de usar lógica modal para estudar derivabilidade na aritmética foi proposta por Kurt Gödel em 1933, num pequeno artigo, *Eine Interpretation des intuitionistischen Aussagenkalküls* ou, em inglês, *An interpretation of the intuitionistic propositional calculus*. Este artigo também pode ser encontrado no volume I de *Kurt Gödel Collected Works*.

151

Turing sobre computabilidade: As máquinas de Turing foram propostas no artigo seminal de Turing de 1936, *On computable numbers, with an application to the Entscheidungsproblem*, e este é um artigo bastante legível. Pode ser encontrado em vários sítios. Entre eles, encontram-se os seguintes.

1. *The Undecidable* — ver ponto 2 acima, na secção *Gödel sobre Incompletude*.

2. *On-line*, em http://web.comlab.ox.ac.uk/oucl/research/areas/ ieg/e-library/sources/tp2-ie.pdf

Boolos sobre GL: Uma apresentação de leitura agradável e bastante detalhada dos trabalhos sobre lógicas de derivabilidade, em particular GL, pode ser encontrada em *The Logic of Provability*, por George Boolos, Cambridge University Press, 1993 (paperback 1995). Este substitui um livro anterior, *The Unprovability of Consistency* do mesmo autor, Cambridge University Press, 1979, que também merece leitura.

Smullyan sobre autoreferência: Raymond Smullyan escreveu muitos livros, alguns dos quais populares, outros técnicos. Os que se seguem são relevantes para o que aqui foi discutido.

1. *Gödel's Incompleteness Theorems*, Oxford Univ. Press, 1992. Um tratamento abstrato deste assunto, à semelhança do que aqui foi feito, mas com mais profundidade.

2. *Recursion Theory for Metamathematics*, Oxford Univ. Press, 1993. Um volume que acompanha o livro anterior.

3. *Diagonalization and Self-Reference*, Oxford Univ. Press, 1994. Um estudo detalhado dos argumentos diagonais, no estilo de Gödel, em lógica combinatória, entre outras, de um ponto de vista abstrato.

4. *Forever Undecided*, Alfred A. Knopf, 1987. Este livro bastante interessante leva o leitor desde a lógica elementar até um tratamento adequado dos resultados de incompletude. E fá-lo através de uma série de *puzzles* divertidos.

Lógica modal: Este livro não pretende ser um livro sobre lógica modal, mas esta surge de uma forma natural quando se fala do segundo teorema da incompletude. Se o leitor quiser saber mais sobre o assunto, um tratamento padrão encontra-se em *A New Introduction to Modal Logic*, por G. E. Hughes e M. J. Cresswell, Routledge, 1996.

Coletâneas: Existem diversas coletâneas com vários artigos úteis sobre os vários assuntos discutidos neste livro.

1. *Handbook of Mathematical Logic*, Jon Barwise editor, North Holland, 1982. O capítulo *The incompleteness theorems* por Craig Smorynski está diretamente relacionado com o material deste livro.

2. *Handbook of Modal Logic*, Patrick Blackburn, Johan van Benthem, and Frank Wolter editors, Elsevier, 2006. Capítulo 16, *Modal logic in mathematics*, por Sergei Artemov, discute a lógica GL, enre outros assuntos.

3. *Handbook of Philosophical Logic*, Dov Gabbay and Franz Guenthner editors. A primeira edição, da Kluwer, era composta por quatro volumes, 1983-1989. A segunda edição, muito maior, da Springer, começou a ser publicada em 2001. No volume 11 (2004) encontra-se *Modal Logic and Self-reference* por Craig Smorýnski, e *Diagonalisation in Logic and Mathematics* por Dale Jacquette. No volume 13 (2005) encontra-se *Provability Logic* por Sergei Artemov e Lev Beklemishev.

Tabela de símbolos

Abreviaturas

Índice

159